피보나치의 토끼

FIBONACCI'S RABBITS

피보나치의 토끼

발행일 2020년 9월 1일 초판 1쇄 발행
 2021년 8월 16일 초판 2쇄 발행
지은이 애덤 하트데이비스
옮긴이 임송이
발행인 강학경
발행처 시그마북스
마케팅 정제용
에디터 최윤정, 장민정, 최연정
디자인 김문배, 강경희

등록번호 제10-965호
주소 서울특별시 영등포구 양평로 22길 21 선유도코오롱디지털타워 A402호
전자우편 sigmabooks@spress.co.kr
홈페이지 http://www.sigmabooks.co.kr
전화 (02) 2062-5288~9
팩시밀리 (02) 323-4197
ISBN 979-11-90257-60-2(03410)

FIBONACCI'S RABBITS by Adam Hart-Davis

Copyright © Elwin Street Productions Limited 2019
Conceived and produced by Elwin Street Productions Limited
10 Elwin Street London E2 7BU
www.elwinstreet.com

Korean translation rights © 2020 Sigma Books
All rights reserved.
Published by arrangement with Elwin Street Ltd through AMO Agency

Interior design and illustrations: Jason Anscomb, Rawshock design.
Photo credits: Shutterstock.com, except page 117: public domain
Printed in China

이 책의 한국어판 저작권은 AMO 에이전시를 통해 저작권자와 독점 계약한 **시그마북스**에 있습니다.
저작권법에 의해 한국 내에서 보호를 받는 저작물이므로 무단 전재와 무단 복제를 금합니다.

파본은 구매하신 서점에서 바꾸어드립니다.

* **시그마북스**는 ㈜**시그마프레스**의 자매회사로 일반 단행본 전문 출판사입니다.

피보나치의 토끼
FIBONACCI'S RABBITS

수학 혁명을 일으킨 50가지 발견

애덤 하트데이비스 지음
임송이 옮김

시그마북스
Sigma Books

차례

CHAPTER 5 인명 구조, 논리, 실험: 1797 ~ 1899년

CHAPTER 6 인간의 사고와 우주: 1900 ~ 1949년

들어가며

다른 과학 분야와 다르게 수학은 수학만의 패턴과 미묘함이 있다. 수학은 납의 무게, 하늘의 푸른 빛깔, 화약의 가연성과 같은 물리적 세계와 직접적인 관련이 없다. 수학은 대체로 순수한 통찰력과 논리로 발전되었다. 최근까지도 수학자들은 종이와 연필만 가지고도 충분히 연구할 수 있었다.

실험을 통해서 까마귀나 쥐, 침팬지와 같은 다양한 동물들이 놀라울 정도로 큰 숫자도 셀 수 있다는 사실이 밝혀졌다. 따라서 우리는 초기 인간들이 동물들과 마찬가지로 손가락을 이용하지 않고도 본능적으로 숫자를 셀 수 있었다고 추측 가능하다.

선구적인 수학자 중 하나인 피타고라스는 기원전 571년 사모아 섬에서 태어났다. 남부 이탈리아의 크로토나라는 도시에 흥미로운 수학 학교를 설립했다. 피타고라스를 따르는 피타고라스 학파 사람들은 콩을 먹지 않고, 흰 깃털을 만지지도, 태양을 마주보고 '오줌을 싸지도' 않았다. 피타고라스는 직각삼각형의 빗변의 제곱이 직각을 이루는 다른 두 변 각각의 제곱의 합과 같다는 유명한 피타고라스의 정리를 만들어내지는 않았다. 하지만 그것을 증명해냈다. 피타고라스는 오늘날 수학의 기초 중 하나인 증명이라는 개념을 수학에 도입했다. 수학에서는 증명이 반드시 필요하지만, 자연 과학에서는 증명하지 못하는 문제들도 있다. 자연 과학자들은 불가능하다는 것을 보여줄 수는 있어도, 왜 불가능한지는 증명할 수 없다.

페르마의 마지막 정리의 핵심은 증명에 있었다. 피타고라스의 정리가 증명되기까지 오랜 여정을 거쳤듯이 페르마의 마지막 정리도 증명이 되길 기다렸다. 프랑스의 변호사 피에르 드 페르마는 n이 2보다 크면 방정식 $x^n+y^n=z^n$을 만족시키는 정수인 해가 존재하지 않는다고 주장했다. 그리고 '이 방정식을 증명할 아름다운 방법을 찾았지만 종이가 부족해 적지 못한다'라고 남겼다. 페르마가 사망한 1665년에 페르마의 마지막 정리가 발견되었고, 330년 동안 천재적인 수학자들이 이 정리를 증명하려고 노력했으나 모두 헛수고였다. 1994년이 되어서야 비로소 앤드류 와일즈가 이 퍼즐을 풀었다. 와일즈는 페르마가 살던 당시에 알려지지 않았던 수학적 기법을 사용해 150쪽에 걸쳐 페르마의 정리를 증명했다. 비록 페르마는 종이가 부족해 증명할 수 없다고 주장했지만, 정말 그가 증명할 수 있었는지에 대해서는 알 수 없게 되었다.

수학과 퍼즐은 종종 밀접한 관련이 있다. 피보나치로 알려진 이탈리아의 도시 피사 출신인 레오나르도는 1202년 『산술에 관한 책(Liber Abaci, The Book of Calculation)』에서 퍼즐의 형태로 흥미로운 수열을 소개했다. 피보나치는 독자들에게 어린 토끼 한 쌍을 상상해보라고 했다. 이 토끼들은 한 달 뒤에 성체가 되어 새끼 토끼를 한 쌍 낳고, 이 새끼 토끼들은 다시 한 달 뒤 새끼를 낳을 수 있는 성체가 된다. 피보나치의 질문은 '한 달이 지날 때마다 토끼가 몇 쌍 있을까?'였다. 정답은 1, 1, 2, 3, 5, 8, 13, 21, 34 순으로 이어진다. 피보나치 수열은 인접한 두 숫자를 더해 다음 숫자를 만들면서 끝없이 이어질 수 있다. 피보나치 수열의 숫자들은 자연에서 쉽게 관측할 수 있다. 꽃잎은 3장이나 5장 혹은 8장으로 이루어져 있고, 솔방울은 보통 시계 방향으로 8줄의 비늘이 나선 모양으로 배열되어 있으며, 반시계 방향으로는 13줄의 비늘이 나선 모양으로 배열되어 있다. 피보나치는 아랍식 숫자 체계를 배워 유럽에 소개하기도 했다.

과거의 수학적 발견이 없었다면, 피보나치 이후 나타난 선구적 수학자들은 새로운 것을 발견하지 못했을 것이다. 피보나치가 없었다면 뉴턴과 라이프니츠가 미적분학에 도달하지 못했을 것이며, 미적분학이 없었다면 오일러와 가우스, 라그랑주와 파스칼 같은 수학자들의 업적은 불가능했을 것이다. 이 수학자들은 다시 후대의 갈루아와 푸앵카레, 튜링과 미르자하니 같은 근대 수학자들의 연구에 아주 중요한 역할을 했다. 이렇게 선대 수학자들의 업적을 이어받아 다시 후대에 영향을 끼친 수학자들은 끝없이 많다. 그리고 수학이 이렇게 과거의 업적을 토대로 발전하지 않았더라면 페르마의 마지막 정리를 증명하는 것은 불가능했을 것이다.

모든 수학적 발견은 과거에 발견한 수학적 토대 위에 쌓이고 점점 더 발전한다. 수학은 계속해서 발전해나갈 것이다.

CHAPTER 1: 고대 수학의 발자취:
BCE 20000 ~ 400년

아무도 수학이 언제 시작되었는지 혹은 언제 발견되었는지 모른다. 아주 오래된 철학적 질문이 있다. '인간이 수학을 발명했을까 아니면 수학이 누군가 자신을 발견해주길 기다리며 우주에 존재하고 있었을까?' 넷에서 다섯까지 숫자를 셀 수 있는 동물은 많다. 따라서 가장 초기의 인류 또한 가족이 몇 명인지 세거나, 무리에 있는 동물의 숫자를 셀 수 있었을 것이라고 추측 가능하다. 손가락을 접어서 숫자를 세는 것은 거의 본능에 가깝다. 나무 막대기나 탤리 스틱 같은 대체물을 이용하는 것은 손가락 접기의 간단한 응용에 지나지 않는다.

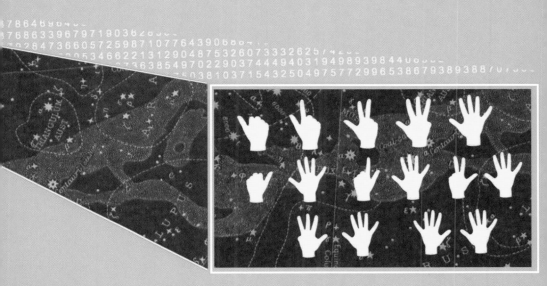

　　단순하고 실용적인 문제와 추상적인 생각 사이에는 분명 커다란 차이가 있다. 지중해 연안에서 크로토나, 아테네, 알렉산드리아 같이 유명한 도시 형태로 번성했던 그리스 문명 전에는 아무 기록도 남아 있지 않기 때문에, 그 이전 문명과의 연결 고리에 대해선 거의 알려진 바가 없다. 초기 그리스 철학자 중 한 명인 탈레스는 개기일식을 예측할 수 있었다. 당시 개기일식은 전쟁을 멈출 정도로 엄청난 사건이었다. 탈레스가 어떻게 일식을 예측했는지는 정확히 알려져 있지 않지만 분명 수학을 이용했을 것이다.

BCE 20000년경

관련 수학자:
고대 인류

결론:
초기 인류는 뼈에 빗금을 새겨
숫자를 셌다.

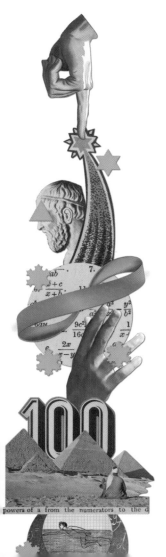

이상고 뼈에는
무엇이 새겨져 있을까?

숫자를 센 최초의 증거

고대 인간의 역사는 화석에 담겨 있다. 화석에 남겨진 고대 인류의 흔적이 땅속에 보존되어 있다가 우연히 발견되거나 발굴된다. 뼈가 조직보다 단단하기 때문에 대체로 뼈가 자주 발견된다.

드물게 뼈 화석에서 초기 형태의 수학적 증거가 발견되기도 한다. 이런 뼈에는 초기 인류가 남긴 V 모양 새겨져 있다. 이 흔적은 수천 년 전 인류가 사용한 다양한 종류의 숫자를 세는 방법을 보여준다.

레봄보 뼈

레봄보(Lebombo) 뼈는 남아프리카와 스와질란드 사이에 있는 레봄보 산의 동굴에서 1970년대에 고고학자 피터 보몬트(Peter Beaumont)가 발견했다. 이 8cm 길이의 개코원숭이 정강이뼈는 44000년이 되었으며, 정확히 빗금이 29개 새겨져 있었다. 이 뼈는 길이를 재는 자로 사용되었을 수도 있지만 빗금이 29개 새겨져 있다는 사실로 미루어보아 음력 달력이었을 가능성도 있다.

레봄보 산맥 근처에 살던 사람들은 아마도 달이 뜨지 않는 그믐에 만나 이를 기념하며 새로운 달이 태어나기를 빌었을 것이라고 추측해 볼 수 있다. 그믐에서 보름달을 거쳐 다시 그믐으로 돌아오는 데 약 29일이 걸린다. 그러니 빗금이 29개 새겨진 뼈를 참고해서 다음 그믐이 언제인지 예측할 수 있다. 하지만 뼈의 한쪽이 완전히 부러져 있기 때문에 원래는 빗금이 29개보다 더 많이 새겨져 있었을 가능성도 있다.

이상고 뼈

이상고(Ishango)는 콩고 민주 공화국에 있는 비룽가 국립공원에 있으며, 나일강으로 흐르는 물줄기의 근원이다. 1960년 벨기에 탐험가 장 드 하인젤린 드 브로쿠(Jean de Heinzelin de Braucourt, 1920~1998)는 이곳에서 가느다란 갈색 뼈를 발견했다. 이 뼈 역시 이후 개코원숭이의 정강이뼈로 밝혀졌다. 이 뼈의 길이는 10cm 정도로 연필과 비슷한 크기고, 한쪽 끝에 돌 조각이 박혀 있어서 필기구로 사용되었던 것처럼 보이기도 한다. 다만 이상고 뼈에는 필기구라고 단정 짓기에는 일부러 새긴 것이 확실한 빗금이 줄지어 그어져 있었다. 이상고 뼈는 약 20000년 전의 유물로 추정이 되며 뼈를 따라 세 줄 혹은 세 열로 빗금이 새겨져 있었다. 빗금은 확실하게 그룹으로 나뉘어 배열되어 있고 숫자를 나타내는 것처럼 보인다. 맨 윗줄은 빗금이 7, 5, 5, 10, 8, 4, 6, 3(총 48)개 그어져 있다. 두 번째 줄에는 빗금이 9, 19, 21, 11(총 60)개 있다. 세 번째 줄에는 빗금이 19, 17, 13, 11(총 60)개 새겨져 있다.

이상고 뼈에 새겨진 빗금

쪼개진 탤리 스틱

이상고 뼈나 레봄보 뼈 같은 뼈들은 처음에 탤리 스틱(tally stick)과 같은 용도로 쓰였을 것으로 추측한다. 탤리 스틱이란 거래를 하는 데 이용했던 막대로 개암나무로 만들었으며 꽤 자주 발견된다. 잊어버리지 않기 위해 숫자를 기록하는 용도로 사용했던 것으로 추정한다. 나무에 빗금으로 숫자를 기록한 뒤에 양쪽에 빗금이 같은 개수가 있도록 막대기를 반으로 쪼개는 것이다. 막대기를 나누어 가진 두 집단은 이렇게 거래 기록을 보관할 수 있다.

음력

다른 가능성은 이상고 뼈에 새겨진 빗금이 달의 6단계 변화 주기를 나타낸다는 것이다. 보름달에서 반달로, 반달에서 그믐으로 바뀌는 데 각각 약 일주일이 걸린다. 첫 번째 줄은 누군가 매일 밤마다 달이 변하는 주기를 분기별로 기록하려고 했던 것일 수도 있다. 이를 통해서 우리는 이상고 지역

이 대체로 구름이 많이 끼어서 달을 관측하기 어려웠을 것이라고 추측할 수 있다.

초기 수학의 증거

학자들은 60년 동안 뼈에 새겨진 빗금 숫자의 중요성을 두고 논쟁을 벌였다. 드 하인젤린이 처음에 내놓은 추측은 그 지역 사람들이 당시 일종의 산술적인 게임을 했다는 것이다. 다른 학자들은 뼈에 빗금이 60개와 48개 새겨져 있고, 둘 다 12의 배수이기 때문에 당시 사람들이 12를 기본으로 하는 12진법을 사용했을 가능성이 있다고 주장했다.

뼈에 새겨진 빗금을 오른쪽에서 왼쪽으로 세어보면 첫 번째 줄에는 빗금이 3개 있고 그 다음은 그 두 배가 되어 빗금이 6개 그어져 있다. 다음엔 빗금 4개와 그 두 배인 8개가 그어져 있고, 다음은 빗금이 10개 있는데 10은 5로 나뉜다. 두 번째와 세 번째 줄에는 빗금이 홀수로만 그어져 있다. 두 번째 줄에 있는 빗금의 개수는 (10-1), (20-1), (20+1), (10+1)이다. 세 번째 줄에는 4그룹이 있으며 각 그룹 안에 빗금의 개수는 소수다. 전부 10과 20 사이의 소수로 이루어져 있다. 그렇다면 20000년 전 사람들이 소수라는 개념을 인지하고 있었을까. 그럴 가능성은 매우 낮다. 수학사 학자 피터 루드만(Peter Rudman)은 소수라는 개념은 2500여 년 전까지 등장하지 않았고, 고작 10000년 전에 처음 나눗셈이 등장했다고 추정하고 있다. 비록 이상고 뼈에 새겨진 빗금 개수가 무엇을 의미하는지는 확실하지 않지만, 숫자를 세기 위한 최초의 시스템이 만들어지고 발전되지 않았다면, 우리가 아는 수학은 존재하지 않았을 것이다.

우리는 왜 '10'까지 셀까?

숫자의 기원

BCE 20000 ~3400년

관련 수학자:
고대 인류

결론:
우리가 사용하는 인도-아랍 숫자는 다른 어떤 숫자 체계보다 뛰어났다.

숫자를 센다는 것은 문장에 있는 단어나 접시에 담긴 땅콩과 같이 한 집단에 있는 대상에 번호를 붙여 대응하는 숫자를 찾는 것이다. 하루에 비가 온 횟수나 들판에 퍼져 있는 양떼들처럼 물체가 시간이나 공간에 걸쳐 구분이 가능하게 떨어져 있다면 종이에 표시하거나 막대기에 빗금을 새기는 등의 기록법을 사용하는 것이 쉬울 수 있다.

앞에서 본 레봄보 뼈나 다른 탤리 스틱은 44000년 전부터 이렇게 숫자를 세는 방식을 사용했다는 사실을 보여준다. 이를 이용해 옛날 사람들은 같은 부족에 있는 사람들의 숫자를 세었을 수도 있고, 기르는 가축들 중에 요리에 쓸 숫자를 세거나 적의 숫자를 세었을 수도 있다.

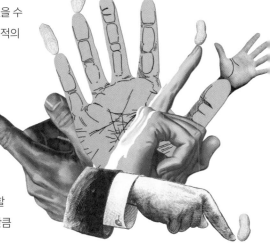

말하지 않고 숫자 세기

손가락은 숫자를 세기 좋은 수단이다. 접시에 있는 땅콩의 개수가 10개 미만이라면 각 땅콩의 옆이나 위에 손가락을 두고서 몇 개 사용했는지 보면 된다. 이 말은 우리가 숫자를 세는 데 '5'나 '7' 심지어는 숫자라는 개념 자체에 대해서 생각할 필요가 없다는 뜻이다. 땅콩이 왼손 중지 손가락까지만큼 있었다고 기억하면 된다.

심지어는 땅콩이 몇 개인지 숫자를 말할 필요도 없다. 땅콩의 숫자에 맞게 손가락을 똑바로 펴기만 하면 된다. 여러 문화권에서 물체 1개를 가리키는 상징은 우리가 사용하는 '하나'와 비슷한데, 1개는 손가락 하나를 펼치는 것으로 쉽게 표현할 수 있다. 오늘날 아일랜드 더블린에 있는 아무 펍에 들어가서 손가락 하나를 펴면, 바텐더는 기네스 한 잔을 줄 것이다.

새로운 숫자 체계

정확히 언제 사람들이 단어를 사용해 숫자를 말하기 시작했는지는 아무도 모르지만, 인류가 언어를 사용하기 시작한 직후부터 숫자를 가리키기 위해서 단어를 만들었을 것이라 추측할 수 있다. 그게 비록 '하나', '둘', '여러 개'와 같은 식의 대략적인 구분이라 할지라도 말이다.

이란의 자그로스 산에서 6000여 년 전 동물의 마리 수를 기록하는 데 사용된 점토 토큰이 발견되었다. 더하기 표시가 있는 토큰 하나는 양 1마리를 가리킨다. 토큰이 2개면 양이 2마리라는 뜻이다. 양 10마리를 가리키는 토큰도 있고, 염소 10마리를 가리키는 토큰도 있다. 이 토큰은 탤리 스틱에서 사용하던 빗금 표기 방법이 아닌 다른 방식으로 숫자를 표현하고 센 초기의 표기 방법이다.

최초의 추상적 수 체계는 기원전 3100년 현재 이라크에 있는 메소포타미아 지역에 살았던 수메르인이 처음 기록한 것으로 보인다. 수메르인은 60진법을 사용했는데, 동물의 숫자를 세거나 다양한 측정 단위를 구별하기 위해서 여러 숫자 체계를 사용했다.

이로부터 얼마 뒤인 기원전 3000년경 이집트인은 자신들의 고유한 숫자 표기법을 만들었다. 이집트의 숫자 체계는 로마인과 비슷하지만 10의 거듭제곱(1, 10, 100 등)을 표현하기 위해 다른 기호를 사용했다. 주목할 점은 이집트인은 분수를 사용했으며 '벌어진 입' 모양의 상형문자로 이를 표

16

기했다는 것이다. 분수는 아마 음식을 여러 사람 몫으로 나누는 것과 같은 현실적인 문제를 해결하기 위해 등장했을 것이다.

중국, 로마, 아랍의 숫자 체계

약 2500여 년 전, 중국의 수학자와 상인들은 숫자를 세고 계산을 하기 위해 밧줄을 사용했다. 밧줄이 놓여 있는 위치나 가로, 세로 방향에 따라 다른 값을 나타냈다. 0을 표시할 때는 아무것도 두지 않았다. 중국인은 양수를 표시할 때는 빨간 밧줄을, 음수를 표시할 때는 검은 밧줄을 사용하기도 했다. 아니면 매듭이 있는 밧줄로 음수를 나타내는 경우도 있었다.

로마의 숫자 체계는 나무나 뼈, 돌에 빗금을 새기는 원시적인 방법에서 진화한 형태였다. Ⅰ, Ⅱ, Ⅲ, Ⅳ, Ⅴ, Ⅵ, Ⅶ, Ⅷ, Ⅸ, Ⅹ은 각각 1부터 10을 상징한다. 로마 숫자는 직선의 조합으로 이루어져 있기 때문에 돌에 새기기 쉬웠다. 비록 C는 100, D는 500을 상징한다는 점에서 새기기에는 조금 어렵지만, L은 50, M은 1000을 상징해 새기기 쉽다. 하지만 로마인이 사용하던 숫자 체계는 계산을 하는 데 전혀 도움이 되지 않았다. 909×4가 아니라 CMIX와 IV를 곱해보자.

6세기 인도인은 자신들의 숫자 체계를 단순하게 기호화해서 우리가 현재 사용하는 10진법 숫자 체계를 만들었다. 인도 숫자 체계는 기원전 3000년경으로 거슬러 올라가 그 당시부터 존재했던 인류의 숫자 체계에서 발전된 것이다. 아랍인은 인도의 숫자 체계를 받아들이고, 0을 포함시켜 9세기에 인도의 숫자 체계를 아랍식으로 통합했다.

아랍과 인도의 숫자 체계는 로마의 숫자 체계에 비해 계산법이 더 직관적이다. 예를 들어, 9라는 숫자가 190이라는 값에서는 90을 의미하고 907이라는 값에서는 900을 의미하는 식으로, 고유한 값을 지니는 것이 아니라 위치에 따라 값이 달라지는 체계를 사용했기 때문이다. 이러한 아랍식 숫자 체계의 단순성은 당시 유럽에서 여전히 사용되고 있던 로마의 숫자 체계에 비해 훨씬 발전된 것이다. 피보나치는 아랍식 숫자 체계를 1202년(57쪽을 보라)에 『산술에 관한 책』에서 라틴어로 유럽에 소개했으며, 이로 인해 우리는 1부터 10까지 '아랍식' 숫자를 사용하게 되었다.

관련 수학자:
수메르인

결론:
우리가 사용하는 수치 대부분은 고대 수메르인의 숫자 체계에서 왔다.

왜 1분은 60초일까?

수메르인의 60진법 체계

우리는 10, 100, 1000, 1000000으로 이루어진 10진법 세상에 살고 있다. 그렇다면 왜 하루는 24시간, 1시간은 60분, 원은 360도 등과 같이 우리가 일상에서 기본적으로 사용하는 단위들은 6으로 나누어지는 숫자를 바탕으로 만들어진 것일까? 단순히 오랫동안 이렇게 사용해 왔기 때문일까 아니면 특별한 이유가 따로 있을까?

쐐기 모양 숫자

60을 기본 단위로 하는 60진법 체계는 약 4~5000년경 메소포타미아 지방을 중심으로 한 수메르 문명에서 비롯되었다. 수메르의 수학자들은 아마도 가장 정교한 사람들이었을 것이다. 다른 문명권에서도 똑같이 수학이 발전했지만 수메르인은 자신들의 수학적 지식을 돌, 정확히 말해 점토판에 기록으로 남겨 놓았기 때문에 오늘날 우리는 그들의 수학적 능력이 뛰어났다는 사실을 알고 있다.

수메르인은 가장 초기의 기록 체계를 발명했다. 그들은 문자와 숫자를 기록하기 위해서 스타일러스(stylus)라고 하는 막대기를 이용해 쐐기 모양 무늬를 점토판에 새겼다. 수메르인은 자신들의 기록을 영원히 남기기 위해 이 점토판을 햇볕에 말려 단단하게 만들었다. 이 쐐기 문자는 라틴어로 '쐐기'를 가리키는 쿠네우스(cuneus)라는 단어에서 따와 쿠네이폼(cuneiform)이라고 부르기도 한다.

숫자는 아래로 향한 쐐기 모양과 가로로 놓인 쐐기 모양의 단순한 조합으로 표현된다. 아래로 향한 쐐기 모양 1개는 1을 가리키고, 2개는 2, 3개는 3을 가리키는 식이다. 하지만 아래로 향한 쐐기 모양이 1이나 60, 혹은 3600을 가리킬 수도 있다는 점을 주의해야 한다. 숫자는 60의 배수로 표

현된다. 따라서 124는 60을 상징하는 쐐기 2개와 1을 상징하는 쐐기 4개로 나타낼 수 있다.

왜 60일까?

수메르인의 숫자 체계는 로마인과 어느 정도 유사하지만 10진법이 아니라 60진법을 사용했다는 점이 다르다. 그런데 왜 60일까? 많은 수학자들이 그 이유에 대해 오랫동안 연구해 다양한 가설을 내놓았지만 아직 확실히 밝혀지지 않았다. 4세기, 알렉산드리아의 수학자이자 철학자였던 테온(Theon)은 60진법을 사용한 이유를 60이 1, 2, 3, 4, 5로 나눌 수 있는 가장 작은 숫자이고, 약수가 가장 많기 때문이라고 추측했다. 하지만 60 외에도 약수가 많은 숫자는 많다.

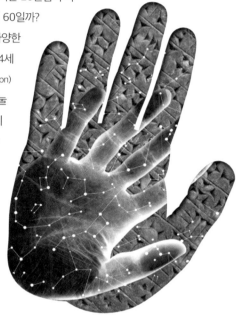

　오스트리아-독일 출신의 과학사학자인 오토 노이게바우어(Otto Neugebauer)는 60진법이 발생한 이유는 수메르인의 측정 방식 때문이며, 60은 물건을 2등분이나 3등분, 4등분이나 5등분하기에 적합하다고 주장했다. 다른 학자들은 그와 반대로 60진법을 사용했기 때문에 그런 측정 방식을 사용한 것이라고 주장했다.

　한편 60진법을 사용한 이유는 전적으로 밤하늘의 별 때문이라고 생각하는 학자들도 있다. 당시 밤하늘은 아주 맑았고, 밤중에 할 만한 것도 많지 않았다. 수메르인은 별을 보는 것을 사랑했고, 하늘에서 별의 패턴을 찾아 최초로 별자리에 이름을 붙였다. 별의 움직임이 곧 그들의 달력이 되었다. 별자리는 매일 밤 조금씩 움직여서 1년이 지나면 다시 제자리로 돌아온다.

　수메르인은 별을 관측해 1년이 365일이라는 사실을 밝혀냈다. 19세기 독일의 수학자 모리츠 칸토어(Moritz Cantor)는 수메르인이 1년을 360일로 내림했고, 360을 6으로 나누어 60진법을 사용했을 것이라고 생각했다(원을 6등분하는 것은 아주 쉽다). 칸토어의 주장은 확실히 설득력이 있다. 1년이 360일이면 아주 쉽게 한 달은 30일로, 1년은 12달로 나누어지며, 왜 원

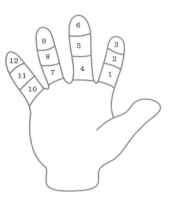

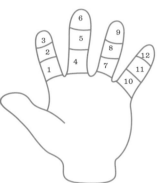

이 360도인지 설명해주기도 한다. 하지만 이건 단순한 추측에 불과하다.

어쩌면 60진법은 손가락으로 숫자를 세는 것에서 비롯되었을 수도 있다. 하지만 수메르인이 손가락으로 숫자를 셀 때는 다른 방식을 사용했다는 증거가 있다.

60진법의 장점

어째서 60진법을 사용하게 되었는지 이유와는 상관없이, 60은 여러 숫자로 나뉠 수 있기 때문에 이를 통해 수메르인은 아주 정교한 수학 체계를 발전시킬 수 있었다. 2017년 데이비드 맨스필드(David Mansfield)가 이끄는 호주의 수학자들은 플림톤 322라는 바빌로니아의 점토판을 완전히 해독했다고 주장했다. 3800년 전 유물인 이 점토판은 약 100년 전 현실에 존재하는 인디아나 존스였던 에드가 J 뱅크스(Edgar J Banks)가 발견했고, 뉴욕의 출판가였던 조지 플림톤(George Plimpton)이 사들였다가 이후 콜롬비아 대학교에 기증했다.

이 점토판에는 바빌로니아식 쐐기 문자가 복잡한 표로 기록되어 있다. 맨스필드와 동료들은 이 문자가 나타내는 것은 단순히 초기 삼각법을 기록한 표가 아니라 그 이상이라고 주장했다. 60은 3으로 나누어질 수 있는 반면 10은 3으로 나누어지지 않기 때문에, 60진법을 사용 했을 때 나누어질 수 있는 약수를 고려하면 이 표는 현재 우리가 사용하는 10진법 표보다 사실상 더 정확하다는 것이다. 10진법을 사용하면 분수 1/2, 1/4, 1/5을 각각 0.5, 0.25, 0.2 등으로 표현하기 쉽다. 하지만 1/3은 무한소수인 0.3333333이 되고 결코 정확하지 않다.

맨스필드의 주장이 옳은가에 대해서는 아직 결론이 나지 않았다. 하지만 그와 동료들은 60진법의 장점을 확실히 강조했다. 오늘날 우리는 10진법 체계의 편리함에 아주 익숙해져 있다. 숫자를 10으로 나누거나 곱할 때 단순히 숫자의 자리수를 바꾸어주기만 하면 되고, 무한한 방식으로 소수를 계산할 수 있다. 이 강력한 장점 때문에 다른 숫자 체계가 등장하고 사라지는 동안 10진법은 꿋꿋하게 자리를 지키고 있다. 하지만 진심으로 하루를 10시간으로 정하고 1시간은 10분으로 하자는 사람은 없다. 시간은 60진법을 사용했을 때 훨씬 쉽게 나누어진다.

원과 면적이 같은 정사각형을 만들 수 있을까?

그리스인은 어떻게 무리수를 다루었나

BCE **1650**년경

관련 수학자:
고대 이집트인과 그리스인

결론:
파이는 초월수이기 때문에 원을 면적이 같은 정사각형으로 만드는 것은 불가능하다.

고대 수학자들의 오래된 난제 중 하나는 원으로 정사각형을 만드는 것이었다. 자와 컴퍼스만을 가지고 원과 면적이 같은 정사각형을 그릴 수 있을까? 이 질문의 본질은 원의 둘레의 길이와 지름의 비율인 파이(π)의 값을 정확하게 구하는 것이다. 반지름이 1인 원이 있다고 해보자. 반지름의 단위는 1mm가 될 수도 있고 1km가 될 수도 있다. 이 원의 넓이는 πr^2 또는 π다. 따라서 이 원과 넓이가 같은 정사각형의 한 변의 길이는 파이의 제곱근인 대략 1.772가 되어야 한다.

　이 문제는 고대 이집트의 린드 파피루스(Rhind Papyrus)에 나와 있다. 당시 이집트에서는 대략적인 파이 값을 이용해 원형 토지의 넓이를 구했다. 당시 원주율을 구하는 방법은 지름의 1/9을 제외하고, 나머지 8/9를 한 변으로 하는 정사각형을 그려서 원과 면적이 비슷한 정사각형을 만드는 것이다. 이 방법으로 파이의 값을 구하면 대략 256/81 혹은 3.16049가 된다. 오늘날 우리가 사용하는 3.14159에 상당히 근접한 값이다. 파이의 근삿값을 구하긴 했지만 이것으론 원으로 정사각형을 만드는 문제가 풀리지 않는다. 그리고 이 문제는 그리스인에게 넘어갔다.

파이 값 예측하기

원으로 정사각형을 만드는 문제를 연구한 최초의 그리스인은 아낙사고라스(Anaxagoras)다. 그는 기원전 440년, 아테네의 감옥 안에서 이 문제를 연구했다. 몇 년 뒤 안티폰(Antiphon)은 원 안에 정사각형을 그리고, 변을 4개 추가해 8각형을 만들고 다시 변을 8개 추가해 16각형을 만드는 식으로 다각형의 넓이가 원의 넓이와 거의 비슷해 질 때까지 반복해서, 원과 거의 유사한 다각형의 넓이를 구했다.

　한편 키오스 출신인 수학자 히포크라테스(Hippocrates)는 (코스 출신의 의

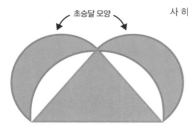

초승달 모양

사 히포크라테스와 혼동하지 말자) 두 변의 길이가 같은 직각삼각형의 세 변에 반원을 그려서 두 반원형 영역(두 원이 겹쳐진 부분을 뺀 나머지 초승달 모양의 영역)의 넓이가 삼각형의 넓이와 같다는 것을 보였다. 그다음에 해야 할 일은 이 삼각형과 같은 면적의 사각형을 그리는 것이었으나 어떻게 하는지 몰라 그럴 수 없었다.

히포크라테스의 방법

원주율을 구하는 것은 불가능할까?

수 세기에 걸쳐 여러 수학자들이 원주율 문제를 해결하기 위해 노력했으나 거의 불가능에 가까워 보였다. '원과 면적이 같은 정사각형 만들기'는 파도를 물리친다는 말처럼 거의 불가능한 말이 되었다.

『이상한 나라의 앨리스』의 저자 루이스 캐럴은 빅토리아 시대의 수학자 찰스 루트위지 도지슨(Charles Lutwidge Dodgson)의 필명이다. 그는 원과 같은 면적의 정사각형을 만드는 방법에 대한 엉터리 이론을 폭로하는 것을 좋아했다. 1885년 일기장에 언젠가 '원과 정사각형에 대한 명백한 사실'에 대한 책을 쓸 수 있길 바란다고 남겼다.

원과 넓이가 같은 정사각형을 만들기 위해서는 한 변의 길이가 파이의 제곱근인 정사각형을 만들어야 한다. 1837년, 길이가 정수이거나 3/5 같은 유리수, 혹은 일부 무리수인 선분을 그릴 수 있다는 사실이 밝혀졌다. 무리수는 정수의 비로 표현되는 유리수, 즉 분수로 쓸 수 없는 숫자를 뜻한다. 따라서 3/5는 유리수이고 1001/799도 유리수다. 하지만 2의 제곱근은 무리수다. 2의 제곱근을 1.4142135623731로 쓸 수 있지만 분수로 표현할 수 있는 어떤 유리수의 값과도 같지 않고, 소수점 아래 숫자가 반복되지도 않는다. 예를 들어, 1/7는 0.142857142857142857…로 특정 숫자가 반복된다. 비록 2의 제곱근은 무리수이지만 $x^2=2$와 같이 정수를 계수로 하는 곱셈 방정식으로 표현할 수 있다. 따라서 2의 제곱근은 대수적인 수가 되고, 길이가 대수적인 수인 선분을 그릴 수 있다.

초월수

안타깝게도 파이는 단순히 무리수가 아니라 초월수다. 즉, 고대 그리스인의 접근 방식으로는 계산할 수 없다는 것을 의미한다. 1882년, 독일의 수학자 페르디난트 폰 린데만(Ferdinand von Lindemann)은 파이는 초월수이고 길이가 파이(혹은 파이의 제곱근)인 변을 그릴 수 없다는 사실을 증명했다.

거의 대부분의 실수는 초월수다. 물론 임의로 주어진 수가 초월수라는 것을 증명하는 것은 상상을 초월할 정도로 어렵다. 여전히 현대 수학에서 초월수인지 아닌지 증명되지 않는 숫자들이 있다. 어떤 수가 초월수임을 증명하기 위해서는 어떤 임의의 대수방정식의 해가 아니라는 사실을 보여야만 한다.

정수론에서 린데만의 발견은 동시대 수학자인 칼 바이어슈트라스(Karl Weierstrass)와 함께 린데만-바이어슈트라스(Lindemann-Weierstrass) 정리라고 불리기도 한다. 이 정리는 숫자가 초월수임을 보이기 위해 복잡한 증명을 사용했다. 이 정리에서 π와 자연수 'e' 모두 초월수이고 현재까지 가장 흔하게 사용되는 초월수라는 사실이 자연스레 도출된다.

파이가 초월수라는 사실을 증명함으로써 린데만-바이어슈트라스 정리는 길이가 파이의 제곱근인 선분을 그릴 수 없다는 것 또한 보였다. 19세기 정수론에서 나온 이 결론은 수십 세기에 걸친 고전 기하학 문제를 해결했다. 두 수학자는 원과 면적이 같은 정사각형을 만들 수 없다는 사실을 단호하게 증명했다.

관련 수학자:
고대 이집트인

결론:
우연히 발견한 린드 파피루스를 통해서 우리는 고대 이집트의 수학에 대한 깊은 통찰력을 얻게 되었다.

이집트식 분수란 무엇일까?

린드 파피루스와 이집트의 수학

1858년, 스코틀랜드의 골동품 수집가 알렉산더 린드(Alexander Rhind)는 이집트의 도시 룩소르의 시장에서 오래된 이집트 파피루스를 손에 넣었다. 분명히 불법으로 도굴한 장물이겠지만 린드가 죽은 후 이 파피루스는 영국 박물관에 팔린다. 오늘날 우리에게 린드 파피루스라고 알려진 이 유물은 가장 오래된 수학과 관련된 기록으로 밝혀졌다. 3550년 전, 아흐모세(Ahmose)라는 필경사가 더 오래된 고대 기록을 베낀 것이다.

　린드 파피루스를 해석한 결과, 이것이 84가지 수학 문제를 다루는 학교 수학책과 비슷하다는 사실이 밝혀졌다. 린드 파피루스는 세 권으로 되어 있는데, 첫 번째 책은 영역과 계산, 대수학을 다루고, 두 번째 책은 기하학을 다루며, 마지막 책은 그 외 나머지 수학적 부분을 다루고 있다. 주목할 점은 이집트인 역시 우리에게 친숙한 10진법 체계를 사용했다는 점이다.

이집트의 분수

이집트인의 분수 표기법은 우리와는 무척 달랐다. 현대 정수론자들은 여기에 관심을 가졌다. 이집트식 분수 표기법에서는 (2/3를 제외하고) 분자가 항상 1이다. 따라서 5/8를 이집트식으로 쓴다면, 1/2+1/8이 된다. 오늘날 어떤 분수이건 분자가 1인 분수의 합으로 표현되면 이집트 분수라고 부른다.

이집트식 분수 표기법에는 실용적인 장점이 있다. 피자 5판을 8명이 나누어먹는 문제를 생각해보자. 보통의 분수 표현법에 따르면 한 사람당 피자 5/8를 가지면 된다고 할 것이다. 그런데 피자 5판을 어떻게 5/8로 나눈단 말인가. 이 일은 거의 악몽에 가깝다. 이집트식 분수를 이용한다고 문제가 더 간단해지지는 않는다. 하지만 이집트식 분수 표기법에 따르면 5/8는 1/2+1/8이 된다. 이제 상황이 명확해졌다. 피자 4판을 전부 1/2로 나누고, 마지막 한 판은 8조각으로 나누면 된다. 그러면 모두가 1/2+1/8 조각을 갖는다. 문제가 마법처럼 간단히 해결되었다.

하지만 정수론자들은 이렇게 단순히 생각하지 않았다. 이집트식 분수 표기법에는 아주 재미있는 사실이 더 숨겨져 있다. 우선 1보다 작은 어떤 분수든 이집트 분수로 표기할 수 있다. 또한 어떤 분수든 무한하게 이집트 분수 표기법으로 표현할 수 있다. 예를 들면, 3/4=1/2+1/8+1/12+1/48+1/72+1/144로 끝없이 이어진다.

독창적인 수학

현대 정수론자들은 린드 파피루스를 연구하면 할수록 이집트인의 수학이 아주 기발하다는 사실을 깨달았다. 예를 들어, 이집트식으로 곱하기를 하면 두 배수를 계속해서 반복하는데, 오늘날 컴퓨터의 계산 방식인 이진법과 놀라울 정도로 유사하다. 아르키메데스(Archimedes)가 등장하기 훨씬 이전, 이집트인이 원의 넓이를 계산하는 방식은 단순하고 빨랐지만, 현대 파이 값과 비교했을 때 차이가 1% 정도밖에 나지 않는다.

이번 이야기의 목적은 이집트인이 수학 천재였다는 사실을 말하기 위해서가 아니다. 이집트인은 우리에게 습관적 사고에서 벗어나 새로운 접근 방식으로 새로운 통찰력에 이를 수 있다는 것을 보여준다.

관련 수학자:
피타고라스

결론:
수학의 핵심은 증명이라는 생각은 피타고라스와 그 유명한 피타고라스의 정리가 기원이다.

증명이란 무엇일까?

피타고라스의 정리

세계에서 가장 유명한 수학적 정리를 소개하겠다. 바로 피타고라스의 정리다. '직각삼각형에서 빗변의 제곱은 다른 두 변의 제곱의 합과 같다'는 이 정리는, 어린아이도 쉽게 이해할 수 있는 몇 안 되는 수학적 정리이기도 하다. 빗변은 직각삼각형의 가장 긴 변으로 직각을 마주보고 있다.

피타고라스의 정리를 발견한 사람은 피타고라스가 아니다. 실제로 피타고라스라는 인물이 존재했을지도 불분명하다. '피타고라스'는 당시에 비슷한 사상을 공유하고 있는 사람들의 집단을 가리키는 명칭일 가능성이 있고, 피타고라스의 정리는 수십 세기 전 혹은 그보다 훨씬 오래 전에 이미 존재했을 것이다. 바빌로니아의 점토판에도 직각삼각형에 대한 정리가 등장하고, 고대 이집트인 역시 이것을 알았을 가능성이 매우 높다. 피라미드가 직각삼각형 모양이 되도록 적당한 각도에서 쳐다보기만 하면 된다. 고대 중국인 역시 이 정리를 알았으며 기원전 600년경의 고대 인도 서적인 『슐바 수트라(Shulba Sutra)』에도 기록되어 있다.

증명의 시작

피타고라스의 업적은 직각삼각형 세 변의 관계에 대한 공식을 증명한 것이다. 아마도 이 증명은 최초의 수학적 증명이 아니었을 가능성이 높다. 다른 어떤 수학적 정리나 공식과 비교해봐도 무수히 많은 피타고라스의 정리에 대한 증명이 존재한다. 하지만 이 정리는 그것을 증명한 피타고라스의 이름으로 알려져 있고, 이론에는 증명이 필요하다는 개념이 남았다. 실제로 증명은 수학의 기초가 되었고, 수학적 정리를 증명하기 위해 수 세기가 걸리기도 한다. 유명한 예로 페르마의 마지막 정리가 있다(165쪽 참조).

기록을 종합하면 피타고라스는 시칠리아 근처에서 무리를 형성해서 생활한 히피 같은 사람이다. 추종자들은 특이한 규칙을 따라야 했다. 흰 깃털을 만져서도 안 되고, 태양을 보고 '오줌을 누어서도' 안 되며, 콩을 먹는 것 역시 금지되었다. 언제나 자연에서 수학적 아름다움을 찾았다. 이로 인해 어떻게 음악이 만들어지는지 탐구하게 되었고, 높이가 서로 다른 음이 수학적으로 관계가 있음을 밝혀냈다. 예를 들면, 하프 현의 장력이 두 배가 되면, 음의 높이도 두 배 높아진다. 피타고라스는 별과 행성도 특정한 음에 따라 회전한다고 믿었다.

피타고라스는 세상에서 수학적 패턴을 찾는 영적 탐험을 즐기다 정사각형에 도달했다. 규칙적인 패턴으로 돌을 놓는 것을 좋아했는데, 줄의 개수와 돌멩이의 개수를 같게 놓으면 사각형이 만들어진다. 돌멩이 2개씩 2줄로 놓을 수도 있고, 돌멩이 3개씩 3줄로 놓을 수도 있다. 사각형에 있는 총 돌멩이의 개수는 한 줄에 있는 돌멩이의 개수의 '제곱'이 된다. 2 곱하기 2는 4, 3 곱하기 3은 9 이런 식으로 계속된다.

도형 탐험

피타고라스는 이와 비슷한 방식으로 도형을 가지고 탐구를 하다가 피타고라스의 정리를 풀었을 가능성이 높다. 실제로 피타고라스의 증명은 다른 증명과 구분하기 위해서 재배열 증명이라고도 한다.

피타고라스의 증명은 단순하다. 큰 정사각형 안에 각 꼭짓점이 큰 정사각형의 모든 변에 접하도록 작은 정사각형을 그린다. 그러면 큰 정사각형 안에는 직각삼각형 4개가 존재하게 된다. 작은 정사각형의 네 변은 각각 직각삼각형 4개의 빗변이 된다.

이 직각삼각형 4개에서 빗변의 길이가 같은 두 직각삼각형을 서로 짝지으면 직사각형 2개가 된다. 이 두 직사각형을 큰 정사각형 안에 넣으면 작은 정사각형 2개와 직사각형 2개를 얻을 수 있다. 직각삼각형의 넓이는 바뀌지 않았기 때문에, 처음 작은 정사각형의 넓이는 배열을 바꾼 후 얻은 작은 정사각형 2개의 넓이와 같아야 한다. 다시 말해서, 첫 번째 작은 정사각형은 빗변이고, 두 번째 배열에서 얻은 작은 정사각형은 각각 직각삼각형의 두 변이다. 따라서 빗변의 제곱은 다른 두 변의 제곱의 합과 같아진다.

피타고라스의 증명의 영향력

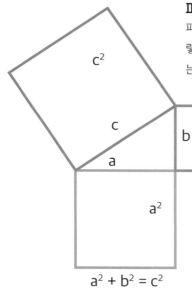

$$a^2 + b^2 = c^2$$

피타고라스가 한 증명은 놀라울 정도로 단순하고 반박의 여지가 없다. 그렇지만 피타고라스 이후에 등장한 수학자들은 단순히 도형을 재배치하는 방식을 넘어서 더욱 엄밀한 수학적 증명을 원했다. 기원전 3세기경 위대한 기하학 책 『기하학 원론(Elements)』에서 유클리드(Euclid)는 피타고라스의 정리를 더욱 정교한 방법으로 증명했는데, 이 책에서는 도형을 재배치하는 것이 아니라 이론적인 기하학적 논리를 사용했다. 직각삼각형 세 변에 각각 가상의 정사각형을 그렸다. 그런 뒤 이 정사각형의 모서리와 삼각형과 매치되는 삼각형들을 그렸다. 이 도형을 이용해 유클리드는 피타고라스의 정리가 맞다는 논리적 단계를 밟아서 이를 증명했다. 유클리드의 증명은 이후 기하학적 증명의 기본 틀이 되었다.

아인슈타인은 피타고라스처럼 삼각형을 나누었지만 재배열하지 않고 피타고라스의 정리를 증명하는 방법을 발견했다. 그 사이 다른 수학자들은 완전히 대수적인 방식으로 피타고라스의 정리를 증명했다.

피타고라스의 정리는 무리수를 발견하도록 이끌었다. 무리수는 정수의 비율인 유리수로는 표현될 수 없는 숫자를 뜻한다. 직각을 이루는 두 변의 길이가 1인 직각삼각형의 빗변 길이는 2의 제곱근이다. 무리수의 발견은 모든 숫자가 합리적이어야 한다는 근본적인 믿음을 정면으로 부정했다. 여기에 얽힌 아주 유명한 전설이 있다. 2의 제곱근이 무리수라는 사실을 증명한 히파수스(Hippasus)는 이 때문에 익사 당했다고 한다.

순수한 수학을 넘어서 직각삼각형은 산의 경사나 지붕의 경사 혹은 두 벽이 서로 직각을 이루고 있는지 확인하는 데 사용된다. 피타고라스의 정리는 무척이나 단순하고, 가장 중요하고 널리 사용되는 수학 공식이다.

유클리드가 증명한 피타고라스의 정리

무한은 얼마나 클까?

엄청나게 큰 숫자와 작은 숫자의 수학

BCE **400**년경

관련 수학자:
고대 그리스인

결론:
고대 그리스인은 이미 무한이라는 개념을 인식하고 있었다. 하지만 현대 수학자들은, 무한은 그리스인이 생각한 것보다 훨씬 복잡한 개념이라는 사실을 발견했다.

무한이라는 개념은 이해하기 어렵다. 유한한 수명을 가진 인간으로서 우리가 어떻게 영원히 존재하는 것에 대한 개념을 이해할 수 있을까?

고대 그리스인과 무한

여러 고대 그리스 수학자들은 무한이라는 개념과 씨름했다. 유클리드는 소수가 무한하다는 사실을 증명했다. 아리스토텔레스는 시간이 끝이 없이 영원하다는 사실을 깨달았다. 그리스어로 무한을 뜻하는 아페이론(apeiron)은 '한계가 없다' 혹은 끝이 없다는 뜻이다. 하지만 그리스인은 무한이라는 개념을 좋아하지 않았는데, (작은) 정수를 좋아했기 때문이다.

기원전 5세기, 그리스의 철학자 제논(Zenon)은 유명한 몇 가지 역설에서 무한이라는 개념을 다루었다. 그중 가장 유명한 역설은 아킬레스와 거북이의 경주다. 이 역설에서는 그리스 신화에서 유명한 전사인 아킬레스가 거북이와 경주를 한다. 아킬레스는 100m 달리기 경주에서 거북이가 자신보다 50m 앞에서 출발할 수 있는 기회를 주었다. 경기가 시작되고 아킬레스는 총알처럼 빠르게 달려 5초가 지나자 이미 50m를 질주해서 거북이가 출발한 지점에 도달했다. 한편, 거북이 역시 엉금엉금 기어가는 속도로 전력 질주했고 50cm를 기어갔다. 따라서 거북이는 아킬레스보다 50cm 앞서 있다.

아킬레스는 다시 0.05초 동안 50cm를 달렸다. 거북이 역시 엉금엉금 기어서 5mm를 움직였으니 여전히 거북이가 미세하게 앞서 있다. 결국 아킬레스가 원래 거북이가 있던 지점에 도착할 때마다 거북이는 아주 근소한 차이로 아킬레스보다 앞서 있다. 아킬레스가 거북이 따라잡기를 무한히 반복하면 둘의 차이는 계속 더 작아진다. 하지만 아킬레스는 결코 거북이를 따라잡을 수가 없다.

무한은 모두 크기가 같을까?

제논의 역설 이후 1500년 뒤, 이탈리아의 과학자 갈릴레오는 무한의 크기에 대해 고민했다. 무한은 전부 크기가 같을까, 아니면 무한도 크기가 다를까? 예를 들어, 모든 정수는 제곱이 있다. $1^2=1$, $2^2=4$, $3^2=9$ 이런 식으로 끝없이 이어진다. 하지만 대부분의 정수는 다른 정수의 제곱이 아니다(이를 테면 2, 3, 5, 6, 7이 있다). 따라서 제곱인 정수보다 더 많은 정수가 있다. 정수의 개수는 무한하고, 제곱수도 무한하기 때문에, 정수의 무한성은 제곱수의 무한성보다 커야 한다. 하지만 다시 모든 정수는 제곱수의 제곱근이다. 이 말은 우리가 모든 정수를 제곱수와 짝지을 수 있다는 것이다. 다시 말해서 정수와 제곱수가 일대일 대응이 된다는 것을 의미하고, 정수와 제곱수의 집합은 무한하고 크기가 같아야 한다. 이것이 갈릴레오의 역설이다. 갈릴레오는 '같은', '더 큰', '더 작은'은 유한한 양에 대해서만 성립한다고 결론지었다.

다른 크기의 무한

독일의 수학자 게오르크 페르디난트 루트비히 필리프 칸토어(Georg Ferdinand Ludwig Philipp Cantor, 1845~1918)는 갈릴레오에서 더 나아가 크기가 다른 무한을 정의했다. 예를 들어, 정수(혹은 자연수)의 집합이 있다고 해보자. 1, 2, 3, 4, 5 등이 있고, 여기에 2, 4, 6, 8로 이어지는 짝수의 집합이 있다. 짝수의 집합은 정수와 일대일 대응이 될 수 있다. 2→1, 4→2, 6→3, 8→4 이런 식으로 서로 짝이 맞다. 따라서 짝수는 셀 수 있다. 게다가 짝수의 집합의 크기는 홀수의 집합, 마지막으로 전체 정수의 집합과 크기가 같다. 짝수와 홀수, 정수는 모두 무한하지만 셀 수 있으며 크기가 같은 무한이다.

여기에 다시 1.0, 1.1, 1.01, 1.001, 1.0001 등과 같은 실수의 집합이 있다. 칸토어는 실수가 정수와 일대일 대응이 성립하지 않기 때문에 실수의 집합은 셀 수 없다는 사실을 증명했다. 무한한 집합의 크기가 다양할 수 있다는 개념을 생각했다. 정수 1과 2 사이에는 무한히 많은 실수가 있기 때문에 크기가 서로 다른 무한이 존재한다는 발상은 직관적으로 분명해 보인다. 하지만 칸토어는 이것을 수학적으로 증명하는 데 성공했다.

무한성

무한을 상상하는 것도 힘들지만 무한을 수학적으로 정의하는 일은 더욱 어려웠다. 여전히 수학자들은 무한을 탐구하는 방법을 배워야 했다. 19세기 독일의 수학자 레오폴트 크로네커(Leopold Kronecker)는 무한은 너무 불분명한 개념이라 수학적으로 용납하기 어렵다고 주장했다.

예를 들어, 미적분학은 무한하게 작은 무한소(infinitesimals)를 다룬다. 연

코크 눈송이

속적인 시간에 정지 시점이 있거나, 연속적인 운동에 물체가 움직임을 멈추고 있는 고정된 지점이 없다. 시간과 같이 무한하게 나눌 수 있는 연속체를 다룰 유일한 방법은 극한을 설정하는 것이다. 그리고 이 극한 사이에 우리가 관심이 있는 한 지점을 가정한다. 이와 비슷하게, 프랙탈 구조는 도형을 확대하면 하는 대로 무한하게 반복적인 패턴을 새로 그릴 수가 있다. 패턴 그리기를 무한히 반복하면 별 모양은 더 이상 식별이 불가능하게 된다.

그러나 무한이라는 개념 자체의 어려움 때문에 무한은 수학적 사고의 가장 중심에 있었다. 예컨대, 무한은 수학적인 문제가 증명 가능한지 불가능한지에 대한 관심으로 확장되었다. 쿠르트 괴델(Kurt Gödel)의 불완전성 정리가 등장하면서(142쪽 참조), 우리는 수학에서 모든 문제가 궁극적으로 증명 가능하지 않다는 사실을 받아들일 수밖에 없게 되었다. 한편, 독일의 수학자 다비트 힐베르트(David Hilbert)는 1924년 유명한 그랜드 호텔 역설을 소개했다. 이 호텔에는 무한한 수의 방이 있으며 방은 전부 손님들로 가득 차 있다. 하지만 아주 독창적인 방식으로 힐베르트는 이미 만실인 호텔에서 무한하게 많은 수의 손님에게 줄 방을 언제나 찾을 수 있다는 사실을 증명했다. 직관적으로는 말이 되지 않는다. 어떻게 이미 전 객실이 손님들에게 배정이 되어 있는 이 호텔에서 빈방을 찾을 수 있을까? 하지만 이것은 무한의 역설이다. 힐베르트의 증명은 완벽했다. 그는 그랜드 호텔 역설을 통해 직관과 상식이 틀릴 수 있다는 것을 증명했다.

CHAPTER 2: 문제와 해결:

BCE 399 ~ CE 628년

고대 그리스인은 순수 수학을 즐기는 사람들이었다. 자와 컴퍼스를 이용해 도형을 그리며 특히 기하학 분야에 열정적이었다. 하지만 그리스인의 관심은 점차 구체적인 문제로 기울어졌고 그동안 쌓아온 수학적 통찰로 이 문제들을 해결해 나갔다.

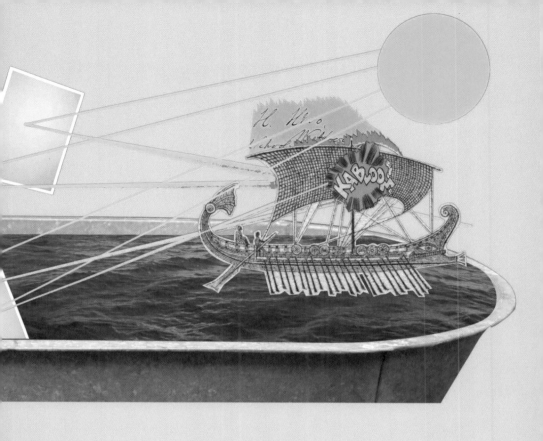

아르키메데스는 그중에서도 아주 뛰어난 사람이다. 그는 순수 수학부터 물리와 공학
같은 실용적인 분야에까지 남다른 재능을 뽐냈다. 다른 그리스인도 그 뒤를 이어 세상에
대한 지식들을 넓혔을 뿐 아니라 지식의 활용법도 발전시켰다.

BCE **300년경**

관련 수학자:
유클리드

결론:
유클리드의 수학적 명제와 증명은 너무 명확하고 논리적이어서 그의 책『기하학 원론』은 2000년 동안이나 기하학 교재로 사용되었다.

논리가 필요한 사람은 누구일까?

유클리드의『기하학 원론』

2300여 년 전 쓰인 유클리드(Euclid)의 위대한 책『기하학 원론(elements)』은 성경 다음으로 세계에서 가장 많이 읽힌 책으로 꼽힌다. 정말 대단한 수학책이다!

독창적인 수학 교재

『기하학 원론』은 기본적으로 도형을 다루는 수학의 한 분야인 기하학에 관한 교과서다. 심지어 최초로 출간된 기하학 책도 아니다. 하지만 기하학의 방법론을 너무 완벽하게 전체적으로 다루고 있어서 기하학의 기본 틀로 사용되고 있다. 심지어 오늘날 점과 선, 평면과 입체 도형을 다루는 평면 기하학까지 유클리드 기하학으로 설명할 수 있다. 삼각형, 사각형, 원형, 평행선 등 모든 평면 도형에 관한 핵심적인 규칙들이 『기하학 원론』에 담겨 있다. 그렇다고 『기하학 원론』을 좋은 수학 교재로만 생각한다면 오산이다. 이 책은 사고방식의 혁신을 가져왔다. 유클리드의 체계에서 세상은 단순히 신의 변덕으로 돌아가는 것이 아니라 자연의 이치를 따른다. 유클리드는 직감에 의지하지 않고 논리와 연역적 추론, 증거, 증명을 통해 진리에 다다르는 방법을 보여주었다. 이론을 제시하고 증명하는 것은 오늘날 전 과학 분야의 기초다. 이런 생각을 한 것은 유클리드 혼자가 아니다. 그의 업적은 탈레스(Thales)가 살던 시대로 거슬러 올라가 수 세기에 걸친 그리스 사상가들의 지적인 노력의 정점이다. 그는 그리스인의 정점에 오른 지식을 영원한 진리로 한데 모았다.

피타고라스와 달리 유클리드에 대해 알려진 것은 많지 않다. 피타고라스는 한 사람의 이름이 아니라 알렉산더 대왕이 이집트의 지중해 연안에 세운 위대한 도시 알렉산드리아에서 활동하던 수학자 무리일 가능성이 높은 것으로 알려져 있다. 첫 번째 그리스 왕 프톨레마이오스(Ptolemy)가 세운 훌륭한 도서관 덕택에 알렉산드리아는 지식의 전당으로 자리 잡았다.

실용적인 수학과 진리

유클리드가 살던 시기에 기하학은 이미 현실에서 사용될 정도로 발전되어 있었다. 고대인은 땅의 면적을 재거나 피라미드를 짓는 데 기하학을 오래 전부터 이용했다. 하지만 유클리드와 그리스인은 이런 일상적 쓰임새에서 순수하게 이론적인 수학 체계를 발전시켰다. 즉, '응용 수학'에서 추상적인 '순수 수학'으로 전환된 것이다.

이런 전환은 단순히 학문적 시도가 아니었다. 추상적인 이론 체계는 진리를 찾는 강력한 수단이었다. 어떤 상황에서 삼각형에 대한 진실이 참이라면, 완전히 다른 상황에서도 이것은 참이 된다. 탈레스가 이집트에 갔을 때 닮은꼴 삼각형의 비례 원리를 이용해 직접 재보지 않고도 피라미드의 높이를 구하고, 육지에서 바다에 떠 있는 배 사이의 거리를 구해 이집트 사람들을 놀라게 했다.

유클리드와 그리스인은 수학에 논리 체계를 갖추어 불변의 수학적 진리를 해방시켰다. 유클리드가 보였듯이, '직선은 서로 다른 두 점 사이의 가장 짧은 거리다'처럼 수학적 진리에는 증명이 뒷받침되고, 어떤 가정이나 공리에 따라 논리적으로 규칙을 적용할 수 있다는 생각이 뒤따랐다. 몇 개의 수학적 가정이 합쳐서 정리라는 수학의 규칙이 만들어지고, 정리는 반드시 참 또는 거짓이라고 증명되어야 한다.

유클리드의 『기하학 원론』의 핵심은 핵심 공리 5개에 있다.

1. 주어진 두 점을 잇는 직선을 그릴 수 있다.
2. 이 직선은 무한히 연장할 수 있다.
3. 서로 다른 두 점에 대해서, 한 점을 중심으로 하고 두 점을 잇는 직선을 반지름으로 한 원을 그릴 수 있다.
4. 모든 직각은 서로 같다.
5. 한 직선이 두 직선을 가로지르고 교차하는 내각의 합이 두 직

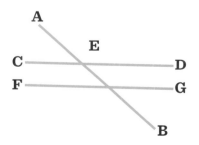

유클리드의
다섯 번째 공리

각보다 작다면, 두 직선을 무한히 연장하면 두 직선은 만난다.

처음 4개는 오늘날 당연한 소리로 들리지만 유클리드가 살던 시대에는 그렇지 않았다. 수학적 기초를 위해 토대가 되는 규칙을 세우는 것은 아주 기본적인 일이다. 논쟁의 여지가 없는 수학적 기초가 정립되어야 단순한 직관에서 벗어나 명확히 증명할 수 있고, 다음 단계로 논리적으로 넘어갈 수 있다.

다섯 번째 공리의 문제점

평행선 공리라고도 불리는 다섯 번째 공리는 선뜻 직관적으로 당연하게 생각되지 않는다. 평행선 공리가 의미하는 것은 한 직선이 서로 다른 두 직선을 가로질러 같은 면의 내각의 합이 180도가 되면 이 두 직선은 반드시 평행한다는 것이다. 이 정리는 기초적인 기하학의 핵심으로 다양하게 활용할 수 있다. 한 가지 예로 기차가 달릴 수 있도록 평행하게 철도를 놓는 데도 사용된다.

하지만 유클리드는 이 평행선 공리를 당연히 의심했다. 그의 기하학은 평면, 이차, 삼차면 그리고 거의 대부분의 상황에서 완벽하게 작동했다. 하지만 지구가 둥글듯 우주도 둥글다. 게다가 우주는 3차원이 아니라 시간이라는 차원이 더해져 있다.

유클리드의 평행선 공리는 한 점이 주어졌을 때 오직 직선 하나만 이 점을 지나면서 다른 직선과 평행하게 그릴 수 있다는 것을 의미한다. 하지만 공간이 휘어 있고 다차원이라면 여러 개의 평행선을 그릴 수 있다. 이것은 19세기 야노시 보여이(Janos Bolyai)와 베른하르트 리만(Bernhard Riemann) 같은 수학자들이 창시한 '쌍곡선' 기하학의 배경이 되는 개념이다.

이처럼 유클리드 기하학에 따르면 삼각형의 내각의 합은 항상 180도여야 하지만 삼각형을 평면이 아니라 곡면인 공에 그리면 내각의 합은 180도를 초과한다. 따라서 지난 2세기 동안 수학자들은 평면을 다루는 유클리드 기하학을 넘어서 휘어진 다차원의 공간에 대한 새로운 기하학을 발전시키기 시작했다. 이 새로운 기하학은 아인슈타인의 일반 상대성 이론을 증명하는 데 주요한 역할을 했다. 그럼에도 유클리드의 업적은 오늘날까지 모든 기하학에 중심으로 남아 있다.

얼마나 많은 소수가 존재할까?

유클리드의 모순 증명법

BCE **300년경**

관련 수학자:
유클리드

결론:
소수는 무한히 많다.

대부분의 사람들에게 숫자가 '얼마나 많은가'를 말해주는 방법이다. 하지만 많은 수학자들은 숫자 그 자체에 매력을 느낀다. 숫자에 대한 학문인 정수론은 가장 순수하고 추상적으로 수학을 탐구하기 때문에 수학의 여왕이라고 한다. 위대한 기하학 책 『기하학 원론』에서 유클리드가 2300년 전 소수에 대해 다룬 이후로, 정수론에서 '소수'는 숫자의 기준이자 정수론자를 유혹하는 캣닙이 되었다.

우주를 여는 수학의 열쇠

소수를 완전히 이해한다는 것은, 수학자들에게는 수학의 성배를 거머쥐는 것과 같다. 물질을 구성하는 기본 입자인 원자처럼 소수는 숫자를 구성하는 기본 요소라고 할 수 있다. 1985년, 칼 세이건(Carl Sagan)은 자신의 책 『콘택트』에서 소수는 외계에서 온 지적 생명체와 소통할 수 있는 최고의 방법이라고 주장했다. 소수에 대한 지식은 분명히 지적 생명체의 보편적 신호이기 때문이다.

소수는 자기 자신과 1 외에 다른 숫자로는 나누어지지 않는 숫자를 뜻한다. 『기하학 원론』 7권에서 유클리드는 어떤 숫자든 '1의 배수'로 표현할 수 있다고 말했다. 다시 말해, 어떤 숫자든 1을 여러 개 더해 만들 수 있다는 의미로, 가장 단순하게 이해할 수 있는 숫자에 대한 수학적 정의다. 그는 소수를 '단위 숫자인 1로만 측정'될 수 있는 숫자라고 정의했다. 유클리드는 1을 숫자가 아닌 기본 단위로 보았으며, 소수는 1로만 나누어질 수 있다는 사실을 의미한다. 합성수는 소수가 아닌 숫자라고 정의했다. 명칭이 합성수인 이유는 소수를 여러 개 곱함으로써 이 숫자들을 얻을 수 있기 때문이다. 완전수란 약수의 합이 자신과 똑같은 수를 의미한다고 했다. 유클리드는 합성수와 완전수에 대해 흥미로운 의견을 남기긴 했지만, 소수에 대한 증명은 수학의 판도를 바꿀 정도로 가장 큰 영향력을 끼쳤다. 그는 얼마나 많은 소수가 있는지 알고 싶었다. 『기하학 원론』 9권에서 소수의 개수에 한계가 없다는 사실을 우아하게 증명했다. 소수의 개수는 무한하다는 것을 증명한 유클리드의 20번째 명제가 정수론의 탄생을 알렸다. 피타고라스와 다른 그리스 수학자들 역시 소수에 관심이 있었다. 하지만 20번째 명제는 증명을 통해 입증되었다는 점에서 역사적으로 숫자에 관한 연구에 기본 틀을 마련했고 아주 혁명적이었다.

유클리드의 증명

오늘날 유클리드의 증명은 '모순 증명(귀류법, 배리법)'이라고 한다. 다시 말해서 증명하길 원하는 사실의 반대가 참이라고 가정한 뒤에, 이 명제가 어째서 참이 될 수 없는지 논리적 단계에 따라 증명하는 것이다.

유클리드가 증명하고 싶었던 명제는 임의의 소수보다 더 큰 소수가 존재한다는 것이다. 즉, 소수의 개수는 무한하다. 다르게 표현하면 소수의 개수는 유한하지 않다는 것을 증명하길 원했다. 따라서 모순을 이용해 소수의 개수는 유한하다고 가정했고, 이것이 불가능하다는 사실을 증명했다. 유클리드가 한 모순 증명은 모든 자연수가 소수의 곱으로 이루어져 있다는 가정을 이용했다.

그리스어로 된 유클리드의 증명은 이해하기 쉽지 않다. 하지만 다음과 같이 단순하게 그의 생각을 따라가 볼 수 있다. 만약 소수의 개수가 유한하다면, 우리는 소수를 P_1, P_2, P_3에서 가장 큰 소수인 P_n까지 목록을 전부 나열할 수 있다. 만약 이 숫자를 전부 곱한 뒤 거기에 1을 더하면 어떻게 될까? 진짜로 모든 숫자를 곱해 볼 필요는 없고 유클리드의 논리를 이해하면 된다.

계산 결과가 소수여서는 안 된다. 그렇게 되면 이 숫자는 나열한 소수 목록의 가장 큰 소수보다 더 크기 때문이다. 따라서 이 숫자는 합성수여야 한다. 하지만 합성수는 소수의 곱이다. 따라서 우리는 이 숫자를 소수로 나눌 수 있다. 그런데 우리는 어떤 소수로도 이 숫자를 나머지 1 없이 완벽하게 나눌 수가 없다. 따라서 이 소수의 목록은 완전하지 않다. 우리가 나열한 소수 전체의 목록에 있지 않은 소수가 존재해야 한다.

가장 큰 소수로 어떤 숫자를 제시하든 결과는 변하지 않는다. 항상 그것보다 더 큰 소수가 존재한다. 유클리드의 논리는 숨이 멎을 정도로 독창적이었고, 수많은 수학자들이 모순 증명을 이용해 수학적 명제를 증명하고 숫자의 숲에서 길을 찾는 데 영감을 주었다.

무한을 찾기 위한 무한한 여정

실제로 수학자들은 모순 증명법이 아니라 다른 방법으로 소수가 무한하다는 사실을 증명하려고 시도했다. 레온하르트 오일러(Leonhard Euler)가 18세기에 새로운 증명법을 발견했고, 헝가리의 수학자 팔 에르되시(Paul Erdös)가 1950년대에 산술적인 방법으로 증명했으며, 미국계 이스라엘 수학자 힐렐 퓌스텐베르크(Hillel Furstenberg)가 집합론을 이용해서 소수의 무한성을 증명했다. 지난 수십 년 동안에만 6개가 넘는 새로운 증명 방법이 소개되었고, 그중에는 2016년 알렉산더 쉔(Alexander Shen)의 정보이론과 '압축 상태'를 이용한 방법도 있다.

소수의 개수가 무한하다는 사실이 증명되었음에도 수학자들은 말 그대로 영원히 새로운 증명 방법을 찾았다. 유클리드의 바로 다음 시대의 위대한 그리스 수학자 에라토스테네스(Eratosthenes)는 소수가 아닌 숫자들을 빠르게 걸러낼 수 있는 독창적인 수학 기술을 이용해 소수를 찾는 방법을 발견했다. 이후 1800년대 칼 프리드리히 가우스(Carl Friedrich Gauss)는 숫자가 커질수록 소수가 나타나는 빈도수가 줄어든다는 사실을 입증했다. 소수를 찾아나서는 모험은 여전히 진행 중이며 이 여정은 유클리드부터 시작되었다.

BCE **250**년경

관련 수학자:
아르키메데스

결론:
아르키메데스는 파이의 근삿
값을 구하기 위해 독창적인
방법을 사용했다.

파이란 무엇일까?

파이의 한계 찾기

기하학자들에게 원은 두려운 도형이다. 도형이 직선으로 이루어져 있다
면 계산은 간단해진다. 직사각형의 면적을 구하고 싶다면 어떻게 할까? 가
로와 세로를 곱하면 된다. 정삼각형의 면적을 구하고 싶다면 어떻게 할까?
정삼각형의 밑변과 높이를 곱하고 반으로 나누면 된다. 하지만 원의 면적
을 구하려면 사정이 완전히 달라진다. 원을 계산하려면 수학에 등장하는
숫자 중 가장 성가신 파이를 다루어야 한다.

파이 문제

파이는 지름이 1인 원의 둘레이고, 다른 말로 하면 임의의 원의 지름과 둘
레의 비율인 원주율이다. 듣기에는 간단하지만 사실은 놀랄 정도로 알쏭
달쏭한 숫자다. 파이의 값을 계산하기 위해 인류 역사상 가장 위대한 수
학자들이 도전했지만 모두 실패했고, 현대 컴퓨터의 계산 능력으
로도 정확한 파이의 값을 구하는 데 실패했다.

다행히도 현실적 문제를 처리하기 위해서는 파이의 근삿값
이면 충분하다. 아주 오래 전부터 사람들은 파이의 값이 3보
다 조금 크다는 사실을 알고 있었다. 다시 말해 원의 둘
레의 길이는 지름의 3배보다 약간 크다. 약 4000년
전 유물인 바빌로니아의 점토판은 고대 바빌로니아
인이 파이의 값을 25/8, 현대에 사용되는 근삿값인
3.142와 아주 근접한 3.125라고 생각했다는 것을 보
여준다. 이와 비슷한 시기에 기록된 이집트의 린드 파피
루스는 파이의 값을 16/9의 제곱인 256/81 혹은 3.16으로 사용했
다는 것을 보여준다.

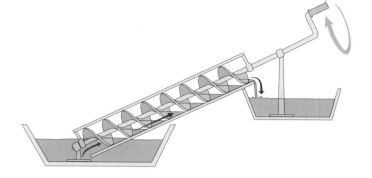

고대 그리스의 천재

기원전 250년경, 고대 그리스의 위대한 천재인 아르키메데스(Archimedes)
는 파이의 정확한 값을 찾아 나섰다. 아르키메데스는 살아 있는 전설이었
으며 놀라운 발명품과 훌륭한 과학적 성취로 널리 알려져 있었다. 아르키
메데스가 남긴 엄청난 일화 중 하나는, 자신이 개발한 독창적인 도르래 장
치를 이용해서 한 손으로 작은 손잡이를 밀어 4000톤이나 나가는 배 시
라쿠사(syracusa)를 움직였다는 사실이다. 물을 끌어올리는 펌프로 사용된
아르키메데스의 나선은 오늘날에도 논이나 밭에 물을 공급하거나 오물이
섞여 끈적거리는 하수를 끌어올리는 데 사용된다. 게다가 '유레카(Eureka,
찾았다)!'라고 외쳤다는 전설로 유명해진 부력을 발견한 것 또한 아르키메
데스다.

아르키메데스는 천재적인 수학자이기도 했으며 그가 계산한 파이의 값
은 그의 업적 중에서도 손꼽히는 것이다. 중요한 사실은 아르키메데스가
파이를 직접 측정하지 않고 이론적으로 값을 계산했다는 점이다. 아르키
메데스는 기원전 480년경 철학자 안티폰(Antiphon)이 발명하고 위대한 그
리스 수학자 에우독소스(Eudoxus)가 한 세기 이후 발전시킨 '실진법(method
of exhaustion)'을 이용했다. 실진법의 원리는 면적을 계산하기 어려운 도형
의 내부를 계산이 가능한 도형인 다각형으로 조금씩 채우는 것이다. 처음
에는 커다란 다각형에서 출발해 원래 도형과 이 큰 다각형의 사이를 더 작
은 다각형으로 채우기를 계속 반복해서 도형 안의 빈공간이 '소진'될 때까
지 계속한다. 비록 근삿값이지만 내부에 더 작은 다각형을 그릴수록, 면적
의 근삿값은 더욱 정확해진다. 이 방법은 적분법의 시초다.

원을 육각형으로 채우기

아르키메데스가 파이 값을 구하는 데 이 방법을 사용했다. 아르키메데스가 남긴 기록을 이해하긴 어렵지만 본질적으로 사용한 방법은 다음과 같다. 우선 컴퍼스를 이용해 원을 그린 다음 그 벌린 폭을 유지하면서 원의 둘레를 따라서 동일한 간격으로 점을 6개 찍었다. 그런 뒤 인접한 점 사이를 연결해 원 안에 육각형을 그렸고 다시 마주보는 점들을 연결해 변의 길이가 원의 반지름과 같은 정삼각형 6개를 그렸다. 따라서 이 육각형의 둘레의 길이는 원의 반지름의 6배, 지름의 3배가 된다. 여기서 파이의 근삿값으로 3을 구했다. 하지만 원은 육각형을 감싸고 있기 때문에 실제 파이 값은 3보다 커야 한다. 따라서 아르키메데스는 육각형의 각 변을 밑변으로 하는 작은 이등변삼각형을 그려서 변이 12개인 12각형을 그렸다. 그래도 여전히 다각형은 원을 완전히 채우지 못했다. 아르키메데스는 반복해서 24각형, 48각형, 96각형을 그렸다. 96각형의 면적은 원의 면적과 거의 구분할 수 없을 정도로 비슷하고, 파이 값은 3과 10/71 또는 223/71(3.140845)이 된다.

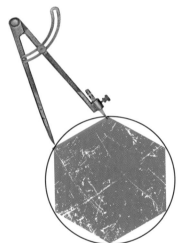

아르키메데스는 여기에 천재적인 영감을 발휘해서 원의 밖에 육각형을 그리고 변을 그리기를 반복해 96각형을 만들었다. 이제 파이 값은 3과 10/70 또는 220/70(3.142857)이다. 원은 이 두 96각형 사이에 있기 때문에, 실제 파이 값은 이 두 값 사이에 있다고 확신할 수 있다. 최종적으로 구한 파이의 값은 3.141851로 오늘날 우리가 사용하는 파이의 근삿값인 3.14159와 거의 일치한다. 물론 아르키메데스는 10진법을 사용하지 않았기 때문에 사람들은 22/7를 최종 파이 값으로 사용했지만 그래도 여전히 오늘날 우리가 사용하는 값과 매우 유사하다.

아르키메데스가 살던 시대부터 파이는 계속해서 더욱 정확하게 계산되었으며, 계산 능력이 뛰어난 컴퓨터를 이용해서 파이의 값을 소수점 1조번째 자리까지 계산할 수 있다. 하지만 여전히 소수점의 마지막 자리는 등장하지 않았으며 파이는 무리수(21쪽 참조)이기 때문에, 우리는 파이를 소수점 끝자리가 있는 어떤 숫자로 정의 내릴 수 없다. 우리는 단지 파이의 근삿값에 가까워질 수 있을 뿐이며 대부분의 사람들에게는 아르키메데스가 계산한 근삿값 22/7면 충분하다.

지구는 얼마나 클까?

태양과 그림자, 그리고 그리스의 기하학법

BCE **240**년경

관련 수학자:
에라토스테네스

결론:
에라토스테네스는 지구의 둘레가 40000km라는 것을 계산하기 위해서 묘책을 사용했다.

기원전 332년 알렉산더 대왕은 이집트의 끝자락, 나일강의 입구에 그리스의 도시 알렉산드리아를 건설했다. 알렉산드리아는 그리스 학문의 중심지가 되었고, 양피지로 만든 수많은 책을 소장한 위대한 도서관이 그 위에 세워졌다. 기원전 240년경 이 도서관에 새로운 사서가 임명되었다. 그는 바로 소수를 찾는 방법을 발견한 (37쪽 참조) 키레네 출신의 수학자 에라토스테네스(Eratosthenes)다. 도서관의 사서로서 에라토스테네스는 위대한 문학 작품을 빌려온 뒤에 사본을 만들어 (프톨레마이오스의 명령에 따라) 사본을 돌려주고 원본을 도서관에 보관하는 등 아주 열정적이었다.

에라토스테네스는 기원전 276년경에 태어났으며 동시대인인 아르키메데스와 친구가 되었다. 비록 두 사람은 지중해 양끝에 떨어져 살았지만, 아르키메데스는 암소와 수소에 대한 복잡한 문제를 설명한 시를 에라토스테네스에서 보냈고, 에라토스테네스를 만나기 위해 알렉산드리아에 방문한 것으로 보인다.

지리학의 아버지

에라토스테네스는 워낙 다재다능했기 때문에 그를 비판하는 사람들은 기껏해야 '이인자'라고 할 뿐이었다. 그가 모든 분야에서 두 번째였기 때문이다. 하지만 그의 친구들은 에라토스테네스를 '펜타슬론(Pentathlos)'이라고 불렀다. 근대 5종 경기를 모두 제패하는 만능 챔피언인 펜타슬론처럼 여러 분야에 능통했기 때문이다. 그는 수학자이자 시인이며 천문학자인 동시에 지리학이라는 학문을 만든 사람이다.

에라토스테네스는 지리학에 관한 책을 세 권 집필했고 세계지도를 그 안에 그려 넣었다. 이 세계지도에는 극지방과 열대지방, 그 사이에 온대지방을 포함해 도시 400개가 표

시되어 있다.

고대 그리스인은 지구가 둥글다는 사실을 알았다. 거기에는 2가지 확실한 증거가 있다. 첫 번째로, 배가 해안가에서 멀어져 가면서 배의 아랫부분부터 사라지는 것처럼 보이기 때문이다. 단순히 배가 너무 멀리 떨어져 있어서 작게 보이기 때문이 아니고, 배는 수평선을 넘어가고 있었다. 그 말은 지구가 둥글 수밖에 없다는 뜻이다. 또한 고대 그리스인은 월식이 지구의 그림자 때문이라는 사실을 알고 있었다. 이것은 곧 지구의 그림자가 둥글다는 뜻이다.

지구를 측정하다

지구가 구형이라는 사실이 알려져 있었기 때문에 에라토스테네스는 지구의 지름을 구하고 싶었다.

알렉산드리아에서 남쪽으로 800km 떨어져 있고, 현재 아프리카 수단의 국경 근처에 시에네(현재는 아스완)라는 도시가 있었다. 시에네를 가로지르는 나일강에는 코끼리 섬이 있는데, 거기에는 우물이 있다. 에라스토테네스는 한여름 정오에 우물 아래를 내려다보면, 자기 그림자에 가려지지 않는 한 반사되는 태양을 볼 수 있다는 것을 알았다. 즉, 정오에는 태양이 머리 바로 위에 있어야 한다는 뜻이다. 코끼리 섬에는 우물의 흔적이 여전히 있지만, 오늘날에는 메말라서 바닥의 돌이 드러나 있다.

에라토스테네스는 알렉산드리아로 돌아가서, 땅에 막대기를 세운 뒤 이 막대기의 그림자 각도를 계산해 한여름 정오의 태양의 각도를 계산했다. 그가 계산한 각도는 7.2도로 오른쪽 그림에 있는 각 A를 나타낸다.

이 각도는 A*와도 같았다. A와 A*는 평행선의 엇각이기 때문이다. A*는 지구의 중심에서 알렉산드리아와 시에네 사이의 각도를 뜻한다. 따라서 에라토스테네스는 비례 관계를 이용해 간단하게 계산할 수 있었다.

- 알렉산드리아와 시에네 사이의 각도는 7.2도다.
- 알렉산드리아와 시에네 사이의 거리는 800km다.
- 알렉산드리아에서 지구 한 바퀴를 돌아 다시 도착하는 각도는 360도
  =50×7.2도다.

따라서 지구 둘레는 50×800=40000km다. 알렉산드리아에서 시에네
까지의 거리는 전문적인 거리 측량사인 베마티스토이(bematistoi, 일정한 간
격으로 걷고 걸음 수를 세도록 훈련을 받은 조사원)가 측정했다. 에라토스테네스
는 자신의 계산 결과를 우리가 사용하는 km 단위가 아니라 스타디아로
제시했다. 오늘날 우리는 스타디아의 길이가 현재의 단위로 정확히 어떻
게 환산되는지는 모른다. 하지만 그가 추정한 값은 오늘날 정확히 계산한
40300km와 큰 차이가 나지 않을 것이다.

계산을 할 때 에라토스테네스는 시에네가 북회귀선 위에 있고, 알렉산
드리아의 남쪽에 있으며, 지구는 완벽한 구형이라고 가정했다. 이 세 가정
모두 사실 정확하지는 않다. 그럼에도 불구하고 2012년 더욱 정확한 현
재의 측정값을 이용해 에라토스테네스의 방법대로 지구의 둘레를 다시
측정한 결과 그 값은 40074.275km다.

에라토스테네스는 지구 축의 기울어진 정도(약 23도)를 계산했고, 윤년
을 창조했다(오늘날의 2월 29일). 그는 지구가 지구를 중심으로 한 둥근 고리
위에 태양과 달, 그 외 행성으로 둘러싸인 모형, 혼천의도 만들었다. 또한
(아주 정확하지는 않지만) 지구에서 태양까지의 거리를 계산하고, 태양
의 지름도 측정했다. 하지만 안타깝게도 그가 다양한 학문
분야에 남긴 업적은 기원전 48년 알렉산드리아 대
도서관이 화재에 휩싸이면서 소실되었다.

지구 둘레를 계산한 방법

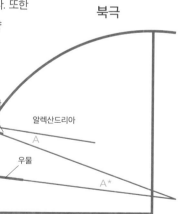

북극

그림자
알렉산드리아
A
햇빛
막대기
우물
시에네
A*

관련 수학자:
디오판토스

결론:
디오판토스는 숫자를 대체하
는 x와 같은 기호를 최초로 사
용한 사람으로 추정된다.

대수학의 아버지는 몇 살일까?

덧셈에 문자를 사용하다

알렉산드리아의 디오판토스(Diophantus)는 알려진 게 많지 않은 인물이다.
아무도 그가 어느 시대에 살았는지 모른다. 우리는 그가 200년 초반에 태
어나서 250년에 활발히 활동했을 것이라고 짐작할 뿐이다.

디오판토스는 방정식을 풀기 위해 숫자를 문자로 대체한 최초의 인물로
알려져 있으며, 이 때문에 '대수학의 아버지'라고 불린다. 그는 가능한
자연수만을 쓰려고 했으며 분수를 숫자라고 인정하지 않았다.

디오판토스는 몇 살일까?

500년에 출판된 『그리스 사화집(Greek Anthology)』에는 디오판토스
가 사망했을 당시의 나이를 구하는 문제가 있다. '디오판토스는 인
생의 1/6 동안 소년이었고, 수염은 인생의 1/12 동안 더 자랐다.
그리고 인생의 1/7 이후에 결혼했고, 아들은 결혼 후 5년 뒤에 태
어났다. 아들은 디오판토스 나이의 절반까지만 살았으며, 그는 아
들이 죽은 뒤 4년 후에 사망했다.'

이 문제를 풀려면, 그가 만든 대수학을 사용해야 한다. x를 그
가 죽었을 때 나이라고 해보자. 이 문제를 디오판토스의 방정식으
로 표현하면 $x = x/6 + x/12 + x/7 + 5 + x/2 + 4$다.

이 방정식을 정리하면 $9x = 756$, 즉 $x = 84$다.

이 문제의 다른 풀이법은 디오판토스가 정수만 사용하기를 고집했다는
점을 이용하는 것이다. 다시 말해 그의 나이는 반드시 12와 7로 나누어져
야 한다. 즉, 12×7=84다. 다른 문제를 푸는 데도 이 방식을 이용해보면 손
쉽게 풀린다는 것을 알 수 있을 것이다.

『산학』

디오판토스는 『산학(Arithmetica)』을 13권까지 집필했지만 지금은 그중에서 6권만이 남아 있다. 이 책에서는 130개의 문제를 다루고 있으며 정답도 실려 있다.

『산학』은 대수학에 대한 최초의 학문적 서적으로, 그리스 수학자들뿐만 아니라 아랍인과 훗날 서양의 수학자들에게 커다란 영향을 끼쳤다. 디오판토스는 미지수를 구하기 위해 기호를 사용했을 뿐만 아니라, '같음'을 표시하기 위한 기호를 사용했다(그가 사용한 기호는 오늘날 우리가 사용하는 기호 '='와 같지 않다. '='는 영국 수학자 로버트 레코드가 최초로 도입했다).

디오판토스의 방정식은 대부분 x^2과 x를 어떤 형태로든 포함하는 2차방정식이다. 우리는 2차방정식의 해가 둘이라는 사실을 알고 있다.

예를 들어, $x^2+2x=3$라는 방정식이 있으면, 답은 x=1과 x=-3 이렇게 둘이다.

하지만 디오판토스는 그 이상의 답(혹은 '근')을 찾지 않았고, 설령 다른 답이 존재하더라도 음수는 전부 의미가 없거나 말도 안 된다고 생각해서 무시했을 것이다. 만약 숫자를 물체를 세기 위한 기수로만 생각한다면 이해할 수 있다. 사과 –3개 같은 것은 존재하지 않는다. 더욱이 그는 0이라는 개념을 알지 못했다.

이런 문제점이 있긴 했지만, 디오판토스는 본질적으로 기하학의 창시자인 동시에, 정수론에 중요한 발전을 가져왔다. 디오판토스의 이름은 한 프랑스 수학자가 『산학』을 접하면서 유명해졌다.

페르마의 마지막 정리

디오판토스가 죽은 후 수 세기가 지나 『산학』은 수학에서 가장 유명한 정리 중 하나에 영감을 주었다.

1607년에 태어난 피에르 드 페르마는 프랑스의 툴루즈 지방법원에서 법관으로 일했고 재능 있는 아마추어 수학자였다. 그는 수학에 몇 가지 중요한 기여를 했으며, 그가 했던 추측은 일반적으로 맞는다고 증명되었다.

『산학』에서 디오판토스는 피타고라스의 정리(26쪽 참조)에 대해 다루었다. 피타고라스의 정리는 다음 방정식과 관련이 있다:

$x^2+y^2=z^2$

이것에는 무한히 많은 정수해가 있다. 그는 『산학』 한쪽 구석에 (라틴어로) 이렇게 적었다.

어떤 세제곱수를 다른 두 세제곱수의 합으로 표현할 수 없고, 마찬가지로 어떤 네제곱수를 다른 두 네제곱수의 합으로 표현할 수 없다. 일반적으로 거듭제곱이 제곱보다 크면 다른 두 거듭제곱수의 합으로 표현할 수 없다.

다시 말해서 페르마는 2차방정식인 피타고라스의 방정식을 n차방정식으로 확장시킨 것이다:

$$x^n + y^n = z^n$$

그리고 n이 2보다 크다면 이 방정식을 만족시키는 정수해가 존재하지 않는다고 주장했다. 페르마는 '이 정리를 증명할 훌륭한 방법이 있지만, 남은 종이가 너무 작아서 채 적지 못한다'고 썼다.

페르마는 1637년경에 이런 기록을 남겼지만, 출판하지 않았고 누구에게도 말하지 않았다. 이렇게 증명 없이 수학적 정리를 주장했지만, 대체로 페르마의 주장이 옳았다. 1665년 페르마가 사망한 이후 1670년 그의 아들이 페르마의 연구 결과를 모아 책으로 출판했다. 전 세계의 수학자들은 이 문제에 빠져서 이것을 증명할 방법을 찾기 시작했다. 이 난해한 퍼즐은 페르마의 마지막 정리라고 알려졌다.

페르마의 마지막 정리를 증명하는 데 엄청난 상금이 걸렸고, 잘못된 방법으로 이것을 증명한 사람들이 엄청나게 많았다. 수학자들이 여전히 이 정리를 증명하기 위해 씨름하는 사이, 1994년 영국의 수학자 앤드류 와일즈가 페르마의 마지막 정리를 풀기 위해 30년 동안 고군분투한 끝에 아주 길고 복잡한 증명을 내놓았다(165쪽 참조).

와일즈는 페르마가 알 수 없는 현대 수학을 이용해 그 정리를 증명했다. 과연 페르마는 정말로 자신의 정리를 증명할 훌륭한 방법을 알고 있었을까? 우리로선 결코 알 수 없다.

아무것도 없다는 것은 무슨 의미일까?

0의 값

CE **628**년

관련 수학자:
브라마굽타

결론:
과거 수학자들은 0이라는 숫자에 대한 개념이 없었다. 심지어 자리표기법을 이용해 숫자를 표시하던 문명권에서 0이라는 기호를 자리지킴으로 사용했지만, 0이라는 개념은 존재하지 않았다.

영을 의미하는 제로(zero)라는 단어의 기원은 비어 있다는 의미인 아랍어 시프르(sifr)다. 피보나치가 유럽에 10진법 숫자 체계를 소개하면서 시프르를 제피룸(zephyrum)이라고 번역했고, 이후에 이탈리아어로 제피로(zefiro)로 변한 뒤 베니스에서 제로라는 이름으로 굳어졌다.

우리는 자리표기법 체계를 사용한다. 즉, 321은 100이 3개, 10이 2개, 1이 1개 있다는 뜻으로, 총 합은 3백2십1이다. 각 숫자의 값은 그 숫자가 놓인 위치에 따라 결정이 된다. 이런 이유로 500년경 산스크리트의 천문학 책 『아리아바티아(Aryabhatiya)』에서는 '자리수가 높아지면 앞자리 수는 뒷자리 수의 10배다'라고 자리표기법 체계를 정의했다.

0도 숫자일까?

0은 특별하다. 어떤 경우 0은 숫자로 취급이 된다. 예를 들어, '대접에 사과가 몇 개 있을까?' 하는 질문에 대답으로 '0개(혹은 없다)'라고 할 수 있다. 때로 0은 자리지킴이 역할을 한다. 숫자 203을 살펴보면 여기에서 0은 십의 자리에 아무것도 없다는 뜻으로 2와 3 사이에 있다. 만일 0이 자리지킴이로 두 숫자 사이에 없다면 203은 23이 될 것이다. 따라서 0은 10의 자리를 지키고 있다.

수천 년 동안 사람들은 0의 필요성을 느끼지 못했다. 물건이나 사람, 날짜를 세는 데 0이 필요하지 않았다. 땅콩이 3개 있는데 여러분이 이 땅콩을 모두 가져갔다고 해보자. 그러면 아무것도 남아 있지 않다. 텅 비어 있다는 사실을 표현할 숫자는 필요하지 않다. 또한 줄에서 첫 번째로 서 있는 사람,

이번 달 두 번째 목요일 같은 순서를 셀 때도 0은 필요가 없다.

고대 그리스인은 0이라는 개념을 사용하지 않았다. 그들은 아무것도 아닌 것이 어떻게 숫자가 될 수 있는지 의구심을 가졌다. 아무것도 아닌 것이 무슨 의미가 있을까? 그리스인은 숫자를 표현하기 위해 알파벳을 사용했다. 하지만 130년, 프톨레마이오스는 천문학 책 『알마게스트(Almagest)』에서 0을 표현하기 위해 ō과 같은 기호를 사용했다.

바빌로니아와 이집트를 포함한 여러 고대 문명에서 자리표기법을 개발해서 사용했고, 0을 표현하는 기호를 이용했다. 0을 개별적으로 표기하는 대신에 0의 자리를 그냥 비워두기도 했다. 하지만 이런 방식은 2 3 같은 숫자를 손으로 쓸 때 혼란을 일으킬 수 있다. 203인지, 2003인지, 아니면 200003인지 불분명하다. 메소아메리카의 올멕인(Olmecs)은 장주기력(Long Count calendars)에서 자리지킴이 문자를 사용했다.

로마인의 숫자 체계는 숫자를 세는 데 아무 문제가 없었다. 사실 근본적으로 로마 숫자 체계는 숫자를 세는 데 적합했고, 계산에는 부적합했다. 숫자를 계산하기 위해서는 자리표기법과 0이 필요하다.

0을 발명하다

전설에 따르면 0을 처음으로 문자로 남긴 사람은 브라마굽타(Brahmagupta)라는 젊은 인도의 수학자라고 한다. 브라마굽타는 598년에 태어났으며 인도의 천문대 소장이 되었다. 628년, 브라마굽타는 『브라마스푸타시단타(Brahmasphuṭasiddhanta; 개정된 브라마의 교리)』에 (산스크리트어로) 시 구절의 형태로 천체의 움직임과 행성의 궤도를 계산해서 기록했고, 0을 자리지킴이로 사용했다. 게다가 거기에서 더 나아가 0을 숫자로 어떻게 사용하는지도 보였다.

> 양수를 2개 더하면 양수가 되고, 음수를 2개 더하면 음수가 된다. 양수와 음수를 더하면, 답은 두 수의 차이가 된다. 만일 음수와 양수의 크기가 같다면 합은 0이 된다. 음수와 0의 합은 음수이고, 양수와 0의 합은 양수이며, 0을 2개 더하면 0이 된다. 0과 음수의 곱, 0과 양수의 곱, 그리고 0을 2개 곱하면 모두 0이다.

하지만 0으로 나눗셈을 할 때 그가 내린 결론은 오늘날과는 달랐다. 그는 0/0은 0이라고 했으며, 이것이 무엇을 의미하는지에 대해 다른 숫자들을 0으로 나누어 예를 들었다. 하지만 문제가 있다. 만일 4를 2로 나누면 몫은 2가 되고, 4를 1로 나누면 몫은 4가 된다. 4를 1/2로 나누면 몫은 8이다. 4를 1/100으로 나누면 몫은 400이 된다. 더 작은 수로 나눌수록 나눗셈의 몫은 커진다. 그렇다면 숫자를 0으로 나누면 무한이 아닌가? 사실 그렇지는 않다. 무한에 0을 곱하면 여전히 답은 4가 아니다. 더욱이 만일 1을 0으로 나누어 답이 무한이면, 2를 0으로 나누어도 답은 무한이 되고, 따라서 1=2가 된다. 이럴 수가! 따라서 어떤 숫자를 0으로 나누는 것은 아주 의미가 없거나 '정의가 되지 않았다'. 0은 아주 특이한 숫자다.

0을 받아들이기까지

0이라는 개념은 인도에서부터 메소포타미아까지 퍼졌고, 아랍의 수학자들은 0의 중요성을 인식했다. 다시 0이라는 개념은 아랍을 거쳐 유럽으로 전파되었다. 사실 오늘날 우리가 사용하는 '아랍식' 숫자는 실제로는 메소포타미아를 거쳐 들어온 인도의 숫자 체계다.

게오르크 칸토어(Georg Cantor)가 집합론을 창시한 이후, 오늘날 수학자들은 0을 공집합으로 정의한다. 영국의 수학자 이안 스튜어트(Ian Stewart)가 위트 있게 "실제로는 아무것도 가지고 있지 않은 집합이 있다. 마치 나의 빈티지 롤스로이스 컬렉션처럼"이라고 적었다. 공집합은 전체 수학의 토대가 되었다.

0은 -1과 1 사이의 정수(자연수)다. 0은 짝수인데, 2로 나누었을 때 나머지가 없기 때문이다. 0은 양수도 음수도 아니다. 0에 어떤 수를 곱하든 0이 되기 때문에 0은 소수도 아니다. 답이 정의되어 있지 않기 때문에 어떤 정수든 0으로 나누는 것은 무의미하다.

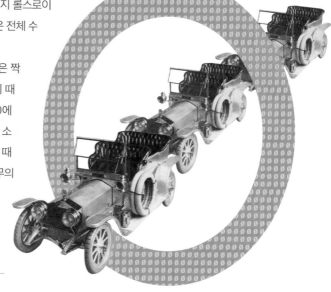

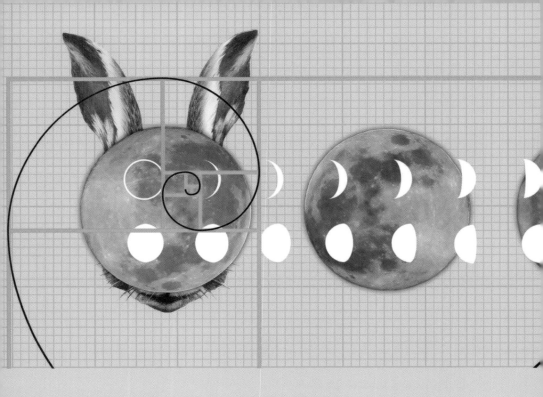

CHAPTER 3: 토끼와 현실:
629 ~ 1665년

숫자와 수학은 우리 주변 세계를 관찰하는 데서부터 출발했다. 예를 들어, 달의 주기를 측정하거나 산의 높이 혹은 평야의 면적을 측정하는 문제들 말이다. 역사적으로 수학자들은 현실 세계를 관찰해서 추상적 수학의 개념을 이끌어내고 발전시켰다. 토끼는 피보나치가 수학 세계에서 가장 유명한 피보나치 수열을 만드는 데 영감을 주었다. 천장에 앉아 있는 파리는 데카르트가 데카르트 좌표계를 발명하는 데 큰 보탬이 되었다.

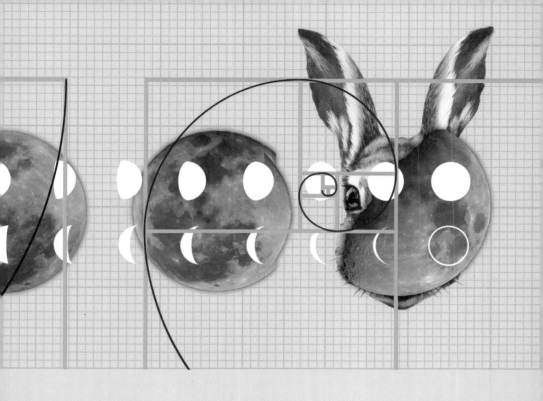

하지만 0을 숫자로 받아들이면서 모든 것이 뒤바뀌었다. 어떻게 아무것도 아니고, 현실적이지 않는 개념인 0이 양(quantity)을 뜻하는 숫자가 될 수 있을까? 이제 수학은 자기 한계를 현실 세계로 좁힐 필요가 없어졌다. 수학자들은 존재하지 않는 것을 다루는 방법을 배웠다. 봄벨리는 허수가 사실이어야 하지만 실제일 수 없다는 사실을 깨달았다. 무한소에 대한 개념은 케플러와 후대의 뉴턴, 라이프니츠에게까지 영향을 미쳐서 17세기 위대한 수학 혁명을 이끌어냈다.

관련 수학자:
알-콰리즈미

결론:
이슬람의 황금기에 수학의 방향이 전환되었다.

숫자를 쓰지 않고 더할 수 있을까?

2차방정식 풀기

이슬람교의 경전 코란이 다른 종교 경전과 다른 점은, 코란은 과학적 연구를 장려했다는 점이다. 아랍인의 믿음은 하늘을 나는 새나 떨어지는 빗방울과 같은 것을 관측하도록 유도했고, 과학에 대해 전폭적으로 지지해 자연의 비밀을 밝히는 데 커다란 영향을 미쳤다.

지혜의 집

750년, 이슬람 제국은 스페인부터 북아프리카를 지나 아라비아, 시리아, 페르시아까지 영토를 확장했고, 현재 파키스탄 지역인 인더스강 앞에서 기세를 멈추었다. 하룬 알-라시드(Harun al-Rashid)는 786년 9월 14일, 아바시드 왕조의 다섯 번째 칼리프(Caliph)가 되었다. 그는 문명을 받아들이고 학문의 토대를 닦았다. 809년 알-라시드가 사망하고 아들인 알-마문(al-Mamun)이 뒤를 이어 칼리프가 되었다. 830년 알-마문은 '지혜의 집'이라는 아카데미를 설립해 이곳에서 그리스 철학과 과학을 아랍어로 번역하고 방대한 양의 장서를 갖추기 시작했다.

이런 이슬람의 황금기에 어떤 젊은 페르시아인이 나타났다. 그는 현재 우즈베키스탄 지역에서 780년경 태어난 것으로 추정된다. 그의 이름은 무함마드 이븐 무사 알-콰리즈미(Muhammad ibn Mūsā al-Khwārizmī)로 사람들은 그를 알-콰리즈미라고 불렀다. 그는 알-마문의 후원을 받아 수학과 지리학, 천문학과 관련된 책을 썼으며 '지혜의 집'에 있는 도서관의 관장이 되었다.

힌두 숫자

알-콰리즈미가 820년에 쓴 유명한 책 『힌두 숫자 계산(On the Calculation with Hindu Numerals)』으로 말미암아 인도의 숫자 체계는 중동을 거쳐 유럽으로 퍼지게 되었다(17쪽 참조). 그는 이 이상한 숫자로 계산하는 방법을 보여주었고, 문제를 푸는 요령을 소개했다. 예를 들어,

> 세 사람이 닷새 안에 곡식을 다 심을 수 있다면, 네 사람이 같은 일을 하면 얼마나 빨리 끝낼 수 있을까? 관련이 있는 숫자를 써라:
>
> 3 5 4
>
> 그런 뒤 첫 번째 숫자에 두 번째 숫자를 곱하고 (3×5=15), 다시 세 번째 숫자로 나누면 (15÷4), 답은 3과 3/4 혹은 3.75일이 된다.

대수학의 아버지

알-콰리즈미는 자신이 저술한 대수학 책에서 최초로 1차와 2차방정식의 체계적인 해법을 설명했다. 대수학 분야에서 알-콰리즈미 최고의 업적은 바로 정사각형을 이용해 2차방정식을 푸는 방법을 보인 것이다. 예를 들어, 방정식 $x^2+10x=39$를 풀기 위해서 한 변의 길이가 x인 정사각형을 그리고, 이 정사각형의 네 변에 인접한 직사각형을 4개 그렸다. 각 직사각형의 변의 길이는 x와 10/4=5/2로 네 직사각형 전체의 면적이 10x가 되도록 했다. 이 정사각형과 네 직사각형의 면적의 합은 39다.

그런 다음 네 모퉁이에 정사각형을 그렸는데, 이 정사각형은 면적이 25/4이다. 이로써 전체 큰 정사각형의 면적이 39+25, 즉 64가 되도록 했다. 따라서 이 큰 정사각형의 한 변의 길이는 √64 혹은 8이고, 따라서 가운데 있는 정사각형의 한 변 x의 길이는 (8-2×5/2) 또는 3이 된다. 따라서 x=3이다.

알-콰리즈미의 책은 대수학을 독립적인 분야로 처음으로 다루었고, 이 책은 알-자브르(al-jabr)와 알-무카바라(al-muqabala)라는 방법을 소개했다. 알-자브르라는 '빼기' 혹은 '부러진 뼈를 붙인다'는 뜻이다. 이 아랍 단어에서 오늘날 사용하는 대수학의 영단어인 알제브라(algebra)가 비롯되었다.

방정식을 푸는 첫 단계는 같은 값을 양변에 더하거나 곱해서 음수와 제곱근을 제거하는 것이다. 예를 들어, $x^2=10x-5x^2$는 $6x^2=10x$로 줄여준다.

알-무카바라는 같은 종류의 것들을 한데 모은다는 의미이다. 따라서 $x^2+25=x-3$는 $x^2+28=x$로 줄어든다. 하지만 방정식을 이렇게 현대의 기호로 표기하는 것은 먼 훗날의 이야기다. 알-콰리즈미는 이것을 말로 풀어서 설명했다. 예를 들자면, '10을 두 부분으로 나누어라. 한쪽 변을 자기 자신으로 곱하면 다른 변은 그것의 81배가 된다'고 표현했을 것이다. 이것을 현대식으로 표기하면 다음과 같다.

$$(10-x)^2=81x$$

알-콰리즈미는 (디오판토스처럼, 46쪽 참조) 대수학의 아버지라고 불린다. 그리스인에게 수학이라는 개념은 본질적으로 기하학이다. 대수학을 통해 수학자들이 실수와 무리수, 도형의 면적에 대해 토론할 수 있게 되었다.

알-콰리즈미는 순수 수학뿐만 아니라 현실적인 문제에도 관심이 많았다.

> 산술에서 가장 쉽고 유용한 것이란 무엇일까. 이를 테면 사람이 상속받을 재산이나 유산, 분할이나 소송, 거래, 누군가와 관계되어 발생하는 모든 문제, 혹은 토지 측량과 수로 건설, 기하학적 계산이 필요한 문제나 그 외 종류와 유형의 문제를 해결하는 데 끊임없이 필요한 것은 무엇일까.

알-콰리즈미는 영단어 '알고리즘'의 어원이 되었다. 원래는 아랍 숫자를 계산하는 방법이라는 뜻이었으나, 현재는 더 넓은 의미로 규칙의 집합이라는 의미로 쓰인다. 보통은 컴퓨터에서 계산을 실행하기 위한 단계적 절차나, 그 외에 일련의 절차나 방법이 공식화된 것을 의미한다.

얼마나 많은 토끼가 있을까?

자연의 수열

1202년

관련 수학자:
피보나치

결론:
수학과 예술, 자연에 항상 등
장하는 수열이 있다.

피사의 레오나르도는 유명한 피사의 사탑이 건설되기 시작한 1173년 직전인 1170년경에 태어났다. 그는 피보나치라는 이름으로 널리 알려져 있는데 피보나치는 필리우스 보나치(Filius Bonacci, 보나치의 아들)를 짧게 줄인 것이다. 피보나치의 아버지는 상인이자 세관원이다. 어린 시절 피보나치는 아버지와 함께 지중해 연안을 많이 돌아다니면서 인도에서 전해져 온 (17쪽 참조) '아랍식' 숫자에 대해 배웠다. 또한 그가 만난 상인들에게서 다양한 형태의 산술을 배웠다.

1202년『산술에 관한 책(Liber Abaci)』이라는 아주 중요한 책을 출판했고, 그 책에서 '아랍식' 숫자를 유럽에 소개했다. 아주 흥미로운 수열에 관한 토끼 이야기 역시 이 책에 등장해 유명해졌다.

토끼

토끼 한 쌍이 들판에 있다고 가정해보자. 첫째 달에는 토끼가 너무 어려서 번식을 할 수 없지만, 다음 달 말이 되면 토끼가 성장해서 토끼 한 쌍을 낳는다. 이렇게 태어난 새끼 토끼들은 다시 두 달 뒤 성체가 되어 새끼 토끼 한 쌍을 낳는다. 새로 태어난 토끼들은 두

> **피보나치의 토끼**

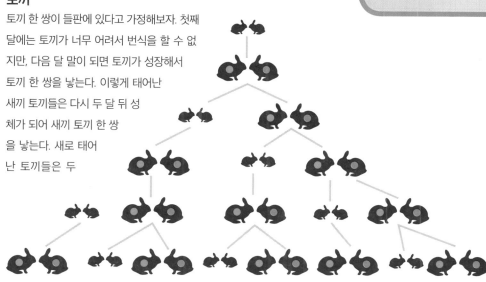

달 뒤 새끼를 낳고, 이후 매달 새로운 토끼 한 쌍을 낳는다. 따라서 토끼 가족의 숫자는 점점 늘어난다.

피보나치는 질문했다. 매달 초에는 몇 쌍의 토끼가 있을까? 첫째 달과 둘째 달 초에는 오로지 토끼 1쌍만 있지만, 둘째 달 말에는 이 토끼가 새끼를 낳아 이제 토끼 2쌍이 있다. 셋째 달에는 최초의 토끼 쌍이 새끼를 낳아, 이제 토끼 3쌍이 있다. 그다음 달에는 처음에 태어난 토끼들이 자라 토끼 한 쌍을 낳아 토끼가 5쌍이 된다.

수로 나열하면 다음과 같다.

1, 1, 2, 3, 5, 8, 13, 21, 34, 55, 89, 144, 233, 377 …

각 숫자는 이전의 두 숫자를 더해 만들어진다. 1+1=2, 5+8=13, 89+144=233.

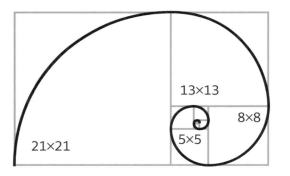

피보나치의 나선

수학에 등장하는 피보나치 수열

무한히 이어지는 이 긴 수열에는 재미있는 특징이 많고, 흥미로운 수학적 패턴을 보여준다. 예를 들어, 매 세 번째 숫자는 2로 나누어지고 매 네 번째 숫자는 3으로 나누어지며, 매 다섯 번째 숫자는 5로 나누어진다. 이 수열은 아주 넓게 퍼져 있어서 모든 양의 정수(자연수)는 피보나치 숫자의 합으로 표현할 수 있다. 피보나치 수열은 기이한 우연으로 가득 차 있는데, 몇몇의 경우는 알아차리기 힘들다. 예를 들어, 11번째 피보나치 숫자는 89이고, 1/89은 0.011235다.

피보나치 이후 수학자들은 피보나치 수열에 이상하게도 재미있는 점이 많다는 사실을 발견했다. 한 가지 예로 파스칼(Pascal)의 삼각형에서 이 특징이 드러난다. 파스칼은 피보나치 수열을 이용할 생각이 없었지만, 파스칼의 삼각형의 대각선을 따라 더하면 피보나치 수열이 등장한다. 또한 이 수열은 예기치 않게 모든 부분이 전체를 닮은 그것보다 더 작은 부분으로 이루어진 프랙탈 구조를 나타내는 망델브로 집합(Mandelbrot sets)에서도 등장한다. 망델브로 집합은 피보나치 수열과 정확하게 일치한다.

피보나치 수열은 로그 수열과 소수의 곱 수열, 이산 수학과 프로그래밍 알고리즘에까지 등장한다. 피보나치 수열이 자주 등장하는 것은 우연이라고 하기에는 미심쩍다. 이 패턴에는 근본적인 어떤 것이 있기 때문에 수학자들은 피보나치 수열에 계속해서 이끌렸다.

피보나치가 수열을 발견한 것은 토끼 수의 증가를 연구할 때였기 때문에, 당연하게도 피보나치 수열은 인구 성장, 개체군 역학 모델에서 발견할 수 있고 심지어는 도시 성장까지도 예측할 수 있다. 예상한 결과는 아니지만 경제 성장 모델에서도 나타난다.

피보나치 수열은 꽃잎의 개수나 식물의 줄기를 나선으로 감싸고 있는 잎의 개수처럼 자연에서 식물이 자랄 때 자주 등장한다.

물론 피보나치 수열이 어떤 것이 증가하는 방식을 반영한다는 사실은 분명하다. 피보나치가 발견했듯이 어떤 것이 증가할 때 두 배씩 늘어나는 경우는 극히 드물다. 증가하기 위해서는 기존에 있던 대상을 바탕으로 새로운 것이 나온다. 피보나치 수열은 이 관계를 아주 분명하게 표현한다. 따라서 어떤 것이든 증가하거나 성장한다면 성장 속도는 피보나치 수열을 따를 것이다.

'황금 비율'

피보나치 수열은 예술과 건축에서 아주 중요한 역할을 했다. 피보나치 수열에 등장하는 숫자가 '황금 비율'과 관련 있기 때문이다. 피보나치 수열에서 아무 숫자나 뽑아서 그 앞 숫자로 나누면, '황금 비율'인 1.618과 비슷하다. 따라서 8/5=1.6, 13/8=1.625, 21/13=1.615다. 큰 숫자를 선택할수록 결과는 1.618에 가까워진다. 그 때문에 황금 비율은 '황금 분할(golden section)'이나 '황금 평균(golden mean)'이라고도 하며, (a+b)/a = a/b를 만족시킨다. 이것은 또한 한 변의 길이가 (a+b)/a인 사각형에서도 볼 수 있다.

황금 비율은 심미적인 만족감을 준다고 여겨졌고, 고대 그리스부터 현대 건축가 르 코르뷔지에(Le Corbusier)까지 널리 사용했다. 또한 레오나르도 다 빈치부터 살바도르 달리까지 많은 예술가들이 이용했다.

↓
1572년

관련 수학자:
라파엘 봄벨리

결론:
봄벨리는 허수가 실재한다는
것을 증명했다.

숫자는 실재해야 할까?
-1의 제곱근

숫자가 숫자라는 사실을 확신할 수 있을까? 숫자가 상상일 수 있을까? 허수라고 하는 상상의 숫자가 있다. 허수는 약 4세기 전에 이탈리아의 수학자 라파엘 봄벨리(Rafael Bombelli)가 처음 주목했다.

어떻게 숫자가 상상일 수 있을까?

허수는 제곱근과 음수에 대한 개념에서부터 출발했다. 제곱근은 자기 자신을 곱했을 때 원래 숫자가 되는 수다. 9의 제곱근은 3(3×3=9)이고, 4의 제곱근은 2(2×2=4), 1의 제곱근은 1(1×1=1) 이런 식이다. 그렇다면 음수의 제곱근은 무엇일까? 여기에서 문제가 발생한다. 왜냐하면 음수를 곱하면 양수가 되기 때문이다. 예를 들어, -2×-2=+4이고, -1×-1=+1이다. 따라서 음수의 제곱근은 존재해야 하지만 존재할 수 없다. 음수의 제곱근은 실재인 동시에 허구여야 한다.

고대 이집트인은 아주 오래 전 이런 모호함을 포착했고, 거의 2000년 전 아에올리스의 공(aeolipile)이라는 초기 증기기관을 발명한 그리스의 사상가 알렉산드리아의 헤론(Hero) 역시 난관에 봉착했다. 그는 윗면이 잘린 피라미드의 부피를 구하고자 했고, 81-144의 제곱근을 구해야 했다. 물론 정답은 √-63이다. 하지만 당시에는 정답이 없었다. 따라서 헤론은 부호를 양수로 바꾸고 정답을 √63라고 했다. 물론 말도 안 되는 일이었지만, 그가 무엇을 더 할 수 있었을까? 그가 살던 시대에는 음수도 숫자로 인정받지 못하던 때였다. 그러니 음수의 제곱근은 더욱 말도 안 되는 것이었다.

르네상스의 수학 논쟁

이 딜레마는 16세기 $ax^3+bx^2+cx+d=0$ 형식의

3차방정식을 풀기 위해 이탈리아의 수학자들이 경쟁하며 다시 등장했다. 이 문제를 풀기 위해서는 음수의 제곱근을 찾아야 했기 때문에 해결하는 것이 거의 불가능해 보였다. 르네상스 시대에, 이탈리아의 수학계에서 이 난제를 푸는 것이야말로 궁극적인 승리였다. 1535년, 한 교회에서 니콜로 폰타나(Niccolo Fontana) '타르탈리아(Tartaglia, 말더듬이)'와 스키피오네 델 페로(Scipione del Ferro)(아니면 최소한 델 페로의 조수였던 피오르) 사이에서 자신들의 해법으로 결투가 벌어졌고, 거기에 돌파구가 있었다. 비록 방정식의 해법을 찾은 것은 델 페로가 먼저였지만, 풀이법이 더 상세했던 타르탈리아가 이 첫 번째 시합이자 모두가 탐내는 볼로냐 대학교의 수학 경연에서 승리했다.

10년 뒤 천재적인 도박사 지롤라모 카르다노(Girolamo Cardano)가 델 페로의 메모를 손에 얻었고, 3차방정식 풀이 경쟁에 핵심이 담긴 책 『아르스 마그나(Ars Magna)』를 갖고 뛰어들었다. 델 페로는 이 책에서 스스로 완전히 쓸모없다고 생각했지만, -1의 제곱근이 가능하다고 주장했다. 3차방정식의 풀이법으로 무장을 하고, 카르다노의 총명한 젊은 제자 로도비코 페라리(Lodovico Ferrari)는 타르탈리아에게 도전장을 내밀었다. 이 싸움에서 타르탈리아는 패배를 알리며 수치스럽게 은퇴했다.

이 경쟁에서 해답은 허수를 포함했다. 하지만 허수는 실제 존재하는 숫자가 아니라 교묘한 속임수라고 여겨졌다.

봄벨리가 경쟁에 뛰어들다

이것이 봄벨리가 등장했을 때의 상황이다. 1572년, 봄벨리는 『대수학(Algebra)』이라는 단순한 제목의 훌륭한 책을 썼고, 거기에는 평범한 사람도 이해할 수 있을 정도로 모든 것을 아주 평이한 용어를 사용해 설명했다.

이 책에서 봄벨리는 허수, 실수와 허수의 합인 복소수를 명료하게 정립했다.

그는 두 허수를 곱하면 항상 실수라는 사실을 설명했고, 음수의 제곱근이 어떻게 사용될 수 있는지 보았다. -1의 제곱근을 '마이너스의 플러스'라고 불렀고, -1의 음의 제곱근을 '마이너스의 마이너스'라고 불렀으며 허수를 다루는 아름다울 정도로 간단한 규칙을 정의했다.

마이너스의 플러스를 마이너스의 플러스로 곱하면 음수가 된다:

[+√-n × +√-n = -n]

마이너스의 플러스와 마이너스의 마이너스를 곱하면 양수가 된다:

[+√-n × -√-n = +n]

마이너스의 마이너스와 마이너스의 플러스를 곱하면 양수가 된다:

[-√-n × +√-n = +n]

마이너스의 마이너스와 마이너스의 마이너스를 곱하면 음수가 된다:

[-√-n × -√-n = -n]

봄벨리도 처음에는 허수가 사기라고 생각했다. '모든 것이 진실이 아니라 궤변처럼 느껴졌다'고 썼다. '하지만, 이것을 [실제 결과] 실제로 증명하기까지 나는 오랜 시간에 걸쳐 진실을 추구했다.'

허수 i

이후 2세기 동안 음의 제곱근을 인정하는 수학자들이 있었고, 그것을 완전히 거부하는 수학자들이 있었다. 결국, 스위스의 수학자인 레온하르트 오일러(Leonhard Euler, 1707~1783)가 이 딜레마를 극복할 방법을 찾았다. 그는 '단위 허수'를 도입했는데, 기호 'i'가 제곱해서 -1이 되는 수를 상징했다. 따라서 i는 √-1이라고도 쓸 수 있다. 오일러의 통찰력은 어떤 음수의 제곱근이든, 그 숫자의 제곱근에 i를 곱하면 방정식에서 간단히 표현할 수 있다는 사실을 의미했다. 그는 √-1, √-2, √-3 등과 같은 모든 음수의 제곱근이 허수이지만, '허구'라는 것이 실제로 이런 숫자가 존재하지 않는다는 것을 의미하지 않고, 단순히 수학적인 용어라고 말했다.

허수와 -1의 제곱근의 핵심에 수수께끼가 있을 수는 있지만, 그렇다고 우리가 허수를 이용할 수 없다는 뜻은 아니다. 실제로 오늘날 우리는 허수 없이는 살기 어렵다는 사실을 발견했다. 허수는 현대 양자 과학의 핵심이고, 항공기의 날개와 현수교를 만드는 데 핵심이다. 허수가 허구인 이유는 어떤 실수로도 표현할 수 없기 때문이며, 허수는 '실재'한다. 허수도 현실을 구성하고 있기 때문이다. 따라서 허수는 모순적이게도 허구이자 실재이며, 불가능하지만 가능하다. 봄벨리는 숫자의 세계에 새로운 가능성을 열었다!

뼈로 어떻게 더하기를 할까?

최초로 곱셈을 단순하게 만든 방법

1614년

관련 수학자:
존 네이피어

결론:
로그와 계산기, 계산자의 발명

존 네이피어(John Napier)는 1550년 스코틀랜드의 머치스톤 성에서 태어났다. 현재 그곳은 에딘버그 네이피어 대학교 머치스톤 캠퍼스의 일부다. 1571년 아버지가 돌아가신 뒤, 8번째 머치스톤의 영주가 되었다.

검은 수탉

열정적인 발명가로, 특히 군사 관련 장비를 만들었던 네이피어는 '위대한 머치스톤'이라고 알려졌다. 그 지방 사람들은 네이피어가 미래를 볼 줄 알고, 그들이 비밀스럽게 무엇을 하는지 알 수 있는 검은 수탉을 가지고 있다고 이야기했다. 어느 날 성에서 귀중품을 도난당했고, 네이피어는 하인들에게 탑에 있는 어두운 방으로 들어가라고 명령했다. 어두운 방 안에서 하인들은 수탉을 만져야 했는데, 그 수탉은 죄가 있는 자가 만지면 운다고 알려졌다. 하지만 모든 하인들이 수탉을 만졌지만 수탉은 조용했다. 네이피어는 하인들을 밝은 방으로 가라고 명령하고 손을 들라고 했다.

단 한 사람만 빼고 모두 손이 검은색이었다. 손이 깨끗한 하인이 도둑이었다. 감히 수탉에 손을 대지 못했기 때문이었다. 네이피어는 단순히 수탉을 검게 칠하는 방법으로 도둑을 찾아낸 것이다.

로그

네이피어는 총명하고 열정적인 물리학자이자 천문학자이며, 그 당시 모든 과학자들과 마찬가지로 지루한 계산을 하는 데 시간을 한참 보내야 했다. 1590년경 짧게 'logs'라는 명칭으로 불리는 로그(logarithm)를 이용해서 계산을 간단

히 하는 방법을 발견했다. 네이피어는 20년 이상을 로그를 연구하는 데 보냈고, 1614년 『경이로운 로그 체계의 기술(mirifici Logarithmorum Canonis Descriptio)』이라는 간결하고 명료한 제목으로 책을 출판했다.

오늘날 네이피어의 로그는 '자연 로그'라는 이름으로 더 친숙하며 $\ln(x)$ 혹은 $\log_e(x)$라고 쓴다. 어떤 숫자의 자연 로그 값은 다음과 같이 상수 e의 지수인 동시에 계산 값이 자기 자신과 일치하는 수다.

$e^a=x$를 만족시키는 $\ln(x)=a$

따라서 $\ln(2.74)=1.0080$은 $e^{1.0080}=2.74$이고, $\ln(3.28)=1.1878$은 $e^{1.1878}=3.28$을 의미한다. 이 값들을 로그표에서 찾을 수 있다.

로그는 왜 유용할까? 여러분에 2.74×3.28을 계산한다고 가정해보자. 오늘날 여러분은 계산기로 간단하게 계산할 수 있지만, 17세기에는 계산기가 존재하지 않았다. 따라서 그 당시 사람들은 계산을 하는 데 오랜 시간을 허비해야 했다. 로그를 사용하면 다음과 같이 간단히 로그 값을 더하기만 하면 된다.

$1.0080+1.1878=2.1958$

그런 뒤 2.1958을 로그표에서 찾는다. 이 값은 8.9872의 로그 값이고, 8.9872가 정답이다.

다시 말해 여러분이 로그를 사용한다면 곱셈 대신 간단한 덧셈으로 문제를 해결할 수 있다.

영국의 수학자 헨리 브리그스(Henry Briggs)는 로그에 무척 감명을 받고 기쁨에 들떠 네이피어를 찾아 북부로 출발했다. 전설에 따르면 두 사람이 만났을 때 둘은 상대방을 존중하는 침묵으로 15분을 보냈다고 한다. 그 뒤 브리그스는 네이피어를 향해 이렇게 말했다. "나의 주여, 천문학 연구에 가장 큰 보탬이 된 로그를 최초로 생각한 놀라운 재치나 독창성을 마주하기 위해 이 긴 여정을 달려왔습니다."

브리그스는 시의적절하게 네이피어 로그의 밑을 10으로 바꾸었고, 이후 수 세기 동안 학생들은 밑이 10인 로그를 사용하고 있다.

네이피어의 뼈
네이피어는 실용적인 휴대용 계산기를 최초로 발명했으며, 이 계산기는 네이피어의 막대 혹은 더 유명한 이름으로 네이피어의 뼈라고 알려졌다.

그는 이 계산기에 대해서 그가 죽기 전 1617년 출판된 책『Rabdologia』
에서 설명했다.

이 뼈들은 피보나치가 『산술에 관한 책』(57쪽 참조)에서 설명
한 아랍의 격자 곱셈을 이용해 계산한 값들을 표로 나타내어
납작한 막대기에 새긴 것이다. 이 막대기는 실용적이
고 사용법이 간단했다. 각 열은 해당 숫자의 곱을
나타낸다.

이 뼈들은 한 세기 동안 엄청나게 유명해졌
다. 1667년 런던에 살던 수필가 사무엘 피프스
(Samuel Pepys)는 29세에 산술을 배웠고, '조나스
무어(Jonas Moore, 사무엘 피프스의 교사)가 부는 휘
파람 소리가 내 방까지 들린다. 네이피어의 뼈가
얼마나 위대한지 내게 말하고 있다'라고 적었다.

슬라이드 규칙

네이피어가 로그를 발명한 뒤, 1662년 목사이자
수학자인 윌리엄 오트레드(William Oughtred)가 슬라이드 규칙이라는 것을
발명했다. 슬라이드 규칙은 로그 스케일의 숫자를 계산하는 방법이며, 곱
셈을 단순하게 덧셈으로 바꾸었으며 나눗셈이나 삼각함수 등 다른 함수
를 계산하는 데도 사용할 수 있다. 슬라이드 규칙은 공학자와 과학자들의
표준 계산 도구로 수백 년 동안 사용되었다.

1615년

결론:
케플러는 정당한 값을 지불했
는지 파악하기 위해, 통을 무
한하게 작은 단위로 쪼개고
더해 부피를 계산했다.

통의 크기는 얼마나 될까?

통을 작게 쪼개 부피를 계산하다

천문학자 요하네스 케플러(Johannes Kepler)는 1609년 행성의 궤도가 타원형이라는 사실과 천체 운동의 3가지 법칙을 발견한 것으로 유명하다. 그의 또 다른 업적은 복잡한 도형의 면적과 부피를 계산해 수학에 크게 공헌한 것이다.

입체의 부피

육면체나 피라미드의 부피 계산은 간단하다. 하지만 1615년 케플러는 모양이 다른 입체의 부피와 최댓값(maxima, 최대 부피)을 계산하는 놀라운 방법을 찾았다. 케플러의 위대한 업적은 그의 삶이 요동치던 시기의 끝부분에서 이루어졌다.

1601년부터 케플러는 신성로마황제 루돌프 2세 밑에서 황실 수학자로 일했으며, 그가 하는 일은 천궁도를 연구해 점을 치는 것이었다. 1612년 루돌프 황제가 사망하고 제국은 정치적 소용돌이에 휩싸였으며, 케플러는 직업을 잃을 위기에 처했다. 같은 해, 케플러의 아내 바바라가 헝가리 홍반열로 사망했고 아들 한 명도 천연두로 사망했다. 그중에서도 최악은 어머니 카타리나가 마녀재판을 받게 된 것이다. 케플러는 제국의 대도시 프라하에서 조용한 오스트리아의 린츠로 이사했고, 그곳에서 재혼했다. 청혼 가능한 여인들의 목록을 살펴보고, 24세 수잔나 로이팅어(Susanna Reuttinger)와 결혼했다. 결혼식에서 케플러는 부피 계산에 대한 영감을 얻었다.

결혼의 수학

케플러는 정당한 비용을 치르고 물건을 얻는 데 아주 철저한 사람이다. 성실한 남편으로서 케플러는 자신의 고향에서와 다른 모양의 통을 사용하는 린츠의 와인상들이 자신에게 적당한 가격으로 와인을 파는지 알고 싶었다. 와인통은 상인들이 보관했으며, 직접 막대기를 단순히 통에 꽂아 와인의 양을 측정했다. 상인들은 막대기를 대각선으로 꽂아서 반대편 바닥에 닿게 한 다음 막대기가 어디까지 와인으로 젖었는지 확인했다. 이 방법은 린츠에서는 통할지 모르지만, 만일 통의 모양이 달랐을 때도 같은 방법으로 측정할 수 있을까?

케플러에게 이 문제는 흥미로운 지적 퍼즐이었다. 2년 동안 케플러는 이 문제를 연구했고, 1615년 『와인통의 신계량법(Nova Stereometria Doliorum Vinariorum)』이라는 책으로 자신의 연구결과를 출판했다. 획기적인 부피 계산법을 다루는 수학책의 제목으로는 아주 독특했다!

케플러는 우선 면적과 부피를 계산하는 방법을 연구하는 데 있어 특히 곡선과 곡면에 관심을 기울였다. 수학자들은 오랫동안 너무 작아서 나눌 수 없는 '불가분(indivisibles)'을 사용하는 방법을 이론화했다. 이론적으로 불가분의 작은 단위를 사용해 도형에 맞추고 채울 수 있다. 예를 들면, 아주 작은 조각 모양을 이용해서 원의 면적을 구할 수 있다. 아르키메데스가 파이 값을 추정하기 위해 사용한 방법이다.

케플러는 행성의 궤도를 구하면서 타원의 면적을 구하기 위해 사용했던 개념을 이미 이용했다. 아르키메데스가 원의 면적을 구하기 위해 사용했던 삼각형 대신, 케플러는 14세기 프랑스 철학자 니콜 오렘(Nicole Oresme)을 따라서, 타원을 무한한 숫자의 직사각형으로 나누었다. 그런 뒤 직사각형의 높이나 각 조각의 좌표를 이용해 타원의 면적을 계산했다.

무한소를 받아들이다

아주 얇은 층을 쌓아 어떤 입체를 구성한다고 상상하면, 케플러에게는 통의 부피나 임의의 입체의 부피를 구하는 것은 자연히 타원의 면적을 구하는 일의 연장선이다. 당연히 전체 부피는 각 층의 부피의 합이다. 와인통의 각 층은 아주 얇은 원통이고 원통의 부피를 계산하는 일은 매우 쉽다.

그런데, 원통에 두께가 없다면 부피가 없다는 말이 된다. 그러면 어떻게 각 층을 두껍게 만들 수 있을까? 각 층을 두껍게 만들어서는 안 된다. 원통은 직선인 반면 와인통은 구부러져 있기 때문이다. 케플러가 이 난관을 헤쳐나간 방법은, 사라져버리지 않고 존재할 수 있으면서 무한하게 얇은 조각인 '무한소'라고 하는 개념을 받아들이는 것이었다. 케플러가 무한소 개념을 생각한 최초의 인물은 아니지만, 케플러로 인해 무한소 개념이 유명해졌다.

부피를 계산할 방법을 찾은 케플러는 통의 부피를 최대화할 수 있는 모양을 찾고, 상인들이 통의 부피를 계산하기 위해 막대기를 사용했던 문제의 핵심을 파악하기 위해 같은 방법을 사용했다. 이번에는 원통의 높이, 원통의 지름과 원통의 대각선 길이로 만든 삼각형을 사용했다. 케플러는 이제 이렇게 질문했다. 만일 대각선의 길이가 와인상들이 사용하는 막대기처럼 정해져 있다면, 통의 높이가 달라질 때 부피는 어떻게 바뀔까?

결과적으로 오스트리아에서 사용하고 있는 통과 비슷하게, 통의 높이가 지름의 약 2배가 되는 짧은 모양일 때 부피가 최대가 되었다. 케플러의 고향에서처럼 높이가 긴 와인통을 사용하면 통에 담긴 와인의 양은 훨씬 적었다. 케플러는 도형의 모양이 최댓값에 가까워질수록, 부피 증가율이 줄어든다는 사실 또한 발견했다.

미적분학의 토대

케플러가 사용한 방법은 최댓값, 최솟값과 함께 미적분학이 발전하는 데 아주 중요한 역할을 했다. 케플러가 사용했던 무한소는 이후 뉴턴과 라이프니츠가 발전시킨 미적분학에 없어서는 안 될 아주 중요한 조각이다. 그때까지 수학은 자연이 숫자나 기하학적 도형같이 이상적인 형태로 분해되지 않는 점 때문에, 자연의 문제를 해결하는 데 어려움을 겪고 있었다. 자연은 연속적이고 또 변한다. 하지만 무한소는 자연과 수학 사이의 간극을 채우고 수학이 현재 우리가 세상을 이해하는 데 중요한 역할을 할 수 있도록 돕는 놀라울 정도로 유용한 개념이다.

데카르트 좌표계란 무엇일까?

해석 기하학의 부흥

1637년

관련 수학자:
르네 데카르트

결론:
파리 한 마리 덕분에 위대한 데카르트의 축과 좌표계가 탄생했다.

르네 데카르트(René Descartes)는 1596년 프랑스 중부의 투렌 지방에서 태어났다. 부유한 집안에서 태어난 데카르트는 예수회 계열의 기숙학교인 라 플레쉬에 입학했지만 건강이 안 좋아 학교의 허락을 받고 새벽 5시에 일어나는 다른 학생들과 다르게 오전 11시까지 침대에 머물렀다. 그래서 평생 오전 11시까지 침대에서 쉬는 습관을 갖게 되었다.

그는 뛰어난 학생이었지만 자기가 배운 것은 오직 자신이 무지하다는 사실뿐이라고 결론을 지었다. 이후 데카르트는 파리에서 지내다가 지원병으로 입대한 이후 네덜란드로 건너가서 20년 동안 머물며 수학과 철학을 연구했다.

데카르트는 특히 방법서설이라는 철학적인 성찰로 유명하다. 자신이 읽고, 보고, 들은 그 어느 것도 확실하지 않기 때문에 기본적인 원리를 되짚어야 한다고 생각했다. 이런 데카르트의 생각을 압축적으로 보여주는 것이 바로 그가 쓴 '코기토 에르고 숨(Cogito ergo sum, 나는 생각한다. 고로 나는 존재한다)'이다. 다시 말하면, 나는 생각을 하고 있고 따라서 생각을 하는 누군가가 존재해야 하며, 생각을 하는 누군가는 바로 자신이라는 뜻이다. 오늘날 여러 철학자와 심리학자들은 생각하는 연속된 자신이라는 것과 '데카르트의 이원론'이라고 하는 신체와 정신이 다른 것으로 구성되어 있다는 개념을 받아들이지 않는다. 그럼에도 데카르트는 근대 철학의 아버지라고 불린다.

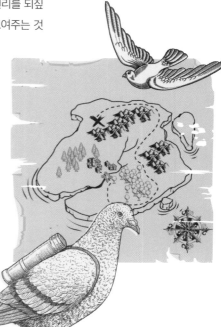

해석 기하학

데카르트는 수학에도 몰두했다. 상당한 양의 논문을 남겼고 다양한 주제로 피에르 드 페르마와도 같이 연구했다.

데카르트의 가장 큰 업적은 오늘날 데카르트 좌표계라는 좌표계를 만든 것이다.

여러분이 비둘기나 헬리콥터 조종사라고 가정하고 영국 서퍽의 해안가에 있는 오포드부터 바다를 향해 약 북동쪽으로 13km를 날아간다고 해보자. 날씨가 흐리면 어떻게 목적지를 찾아갈 수 있을까.

위성 항법은 바다에서는 별 소용이 없고 지도도 마찬가지로 쓸모가 없다. 바다에는 지표로 잡아 방향을 가늠할 수 있는 구조물이 없기 때문이다. 목적지를 찾기 위해 필요한 것은 목적지의 좌표다.

여러분은 목적지가 오포드에서 동쪽으로 12km, 북쪽으로 5km 떨어져 있다는 것을 알 수 있다. 다시 말해 목적지의 좌표는 (12,5)다. 이 좌표만 알고 있으면 동쪽으로 12km, 북쪽으로 5km를 향해 날아갈 수 있고, 반대로 22.5도 각도를 틀어서 13km를 직진으로 날아갈 수도 있다.

데카르트는 대수학을 이용해 기하학을 표현할 방법을 생각해냈다. 그는 x, y, z를 미지수로 사용한 선구자며, $ax^2+by^2=c$와 같은 방정식에서 알려진 값인 계수를 표현하기 위해 a, b, c를 사용한 선구자다. 또한 x의 제곱을 x^2으로 y의 세제곱을 y^3으로 최초로 표현했다.

알려진 바에 따르면 네덜란드에서 살던 어느 아침, 침대에 누워 있는 상태로 천장에 붙어 있는 파리를 보고 이 모든 것에 대한 영감을 받았다고 한다.

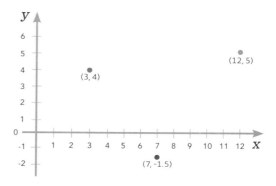

데카르트 좌표계

해석 기하학에서 평면에 있는 모든 점은 실수로 된 좌표쌍을 갖고 있다. 도표에 있는 점의 위치는 (3, 4), (7, -1.5), (12, 5)다. 동쪽은 +x로, 북쪽은 +y로 되어 있으며 음의 좌표계 역시 같은 방식으로 정의할 수 있다.

이 좌표를 이용해서 방정식을 표현할 수 있다. 예를 들어, 함수 y=(x/2)-2는 x=0일 때 y=-2며, x=4일 때 y=0이고, x=10일 때 y=3이다. 이 방정식을 그래프로 그리면 이 세 점을 지나는 직선이 된다.

데카르트 좌표계는 3차원으로 확장할 수 있다. '유클리드 공간'에 있는 점들은 x, y, z 좌표계에 위치한다.

이 좌표계의 장점은 좌표계를 이용해서 기하학 문제를 대수학 문제로 바꾸거나 그 반대가 가능하다는 것이다. 또한 곡선을 대수적으로 기술하고 계산할 수 있다. 대수학, 거리, 직선 사이의 각도, 면적, 곡선이 교차하는 점을 이용하면 된다.

데카르트 좌표계 이외에도 가장 잘 알려진 극좌표계 같은 다른 유용한 좌표계들이 있다. 극좌표계에서는 표면에 있는 점이 원점(극)에서부터의 거리인 r과 x축과의 각도인 θ(세타)로 주어진다. 이 점은 원점에서부터의 거리와 방향으로 표현된다. 이 좌표계는 궤도 운동을 계산하기 위해서 특히 물리학에서 많이 사용되고 다양한 목적으로 사용이 된다.

구면좌표계는 극좌표계를 3차원으로 확장한 것이다. 해밀토니안 고전 역학에서 사용되는 정준좌표계처럼 특정한 목적으로 한정적으로만 사용되는 좌표계도 있다. 하지만 그 어떤 좌표계도 데카르트 좌표계를 대체할 수는 없다. 데카르트 좌표계는 기억하기 쉽고 아이들에게 가르치기도 쉽다.

데카르트
좌표계

관련 수학자:
블레즈 파스칼

결론:
승부에서 이길 확률을 계산할
수 있다.

가능성이 얼마나 될까?

확률론의 탄생

슈발리에 드 메레(Chevalier de Méré)라고 불리길 원했던 앙투안 공보(Antoine Gombaud)는, 1600년대 중반 프랑스 살롱의 유명인사다. 재치 있고 점잖 았던 공보는 여러 지식인들과 교류하던 자유사상가다. 또한 도박사이기도 했는데, 갑자기 도박이 중단되면 판돈을 어떻게 공평하게 나누는가에 대 한 문제에 관심을 갖게 되었다. 일반적인 경우 도박은 한 참가자가 몇 번을 이겼을 때 끝이 난다. 만약 갑자기 도박이 중단된다면 참가자 각각이 이긴 횟수를 고려해서 어떻게 판돈을 나눌 수 있을까?

결점이 있는 분야

공보는 마랭 메르센(Marin Mersenne)의 살롱에 뛰어난 수학자들이 드나드 는 것을 알았고, 1652년 이 문제를 살롱에 공개했다. 두 수학자가 이 문 제를 해결했다. 천재적인 프랑스의 철학자이자 수학자인 블레즈 파스칼 (Blaise Pascal, 1623~1662)과 동시대 또 다른 천재인 피에르 드 페르마다. 공 보는 이 두 천재 수학자가 어떤 심오한 해답을 제시할지 꿈에도 상상하지 못했다. 두 수학자는 서신을 교환하며 확률론의 기초를 다졌다.

도박은 이 문제에 대한 통찰을 이미 제시했다. 이미 한 세기 이전 이탈리 아의 수학자 파치올리(Paciòli), 카르다노, 타르탈리아(말더듬이)가 주사위를 던져서 특정 숫자가 나올 확률, 카드패가 특정한 방식으로 나올 확률에 대 한 의견을 제시했다. 하지만 그들은 확률을 제대로 이해하지 못했고 기껏 해야 아주 모호한 수준이거나 최악의 경우는 완전히 틀렸다. 페르마와 파 스칼은 과거의 수학자들과는 업적이 달랐다.

파스칼은 수년간 이 문제에 골몰했다. 그는 어떤 사건이 일어날 확률이 란 그 일이 발생할 기회의 비율이라는 것을 알았다. 주사위는 육면체이기 때문에 주사위를 굴렸을 때 특정한 면이 나올 확률은 6번 중에 1번으로

1/6이다. 다시 말하면 확률을 찾는다는 것은 특정 사건이 발생할 횟수를 찾고 그것을 전체 발생 가능한 횟수로 나누는 것이다.

파스칼의 삼각형

주사위의 경우엔 계산이 간단하지만 주사위 2개를 던지거나 카드 52장으로 게임을 하는 경우에는 계산이 막막하다. 예를 들어, 카드가 6장 있다면 얼마나 많은 카드의 조합을 만들 수 있을까?

파스칼이 깨달았듯이 답은 이항식에 있다. 이항식은 말하자면 x+y같이 두 단항식의 합으로 표현된다. 이 경우 한 항은 가능한 조합의 숫자를 가리키고, 다른 항은 전체 개수를 (카드나 주사위 같이) 가리킨다. 이 이항식을 원하는 경우의 수로 곱하면 확률을 구할 수 있다. 식으로 표현하면 $n:(x+y)^n$이다. 이항식을 주어진 제곱수만큼 곱하면 계수의 패턴을 알 수 있다. 계수란 각 항의 앞에 곱해진 숫자를 가리킨다. 따라서 $(x+y)^2$를 전개하면 $1x^2+2xy+1y^2$가 되고 $(x+y)^3$을 전개하면 $1x^3+3x^2y+3xy^2+1y^3$가 되는 식이며, 계수는 이탤릭으로 표시되어 있다.

복잡하게 들리지만 파스칼이 이 문제를 연구했을 때 그에게는 천재적인 발상이 떠올랐다. 가능한 경우의 수를 방법론적으로 단계별로 표현했으며, 한 줄에 게임의 횟수를 표시했다. 게임이 계속 진행이 되면, 경우의 수는 점점 증가하고, 단순한 숫자의 배열로 이루어진 정삼각형이 만들어진다. 각 숫자는 윗줄에 인접한 두 숫자의 합이다.

이 삼각형의 숫자는 여러분이 특정 조건에서 어떤 것을 선택할 때 가능한 모든 경우의 수를 나타낸다. 삼각형의 각 열은 앞에서 보았듯, 1, 2, 1과 1, 3, 3, 1 같은, 전개한 이항식의 계수를 나타낸다. 따라서 확률을 구하기 위해서는 삼각형의 열만 제대로 맞으면 된다는 뜻이

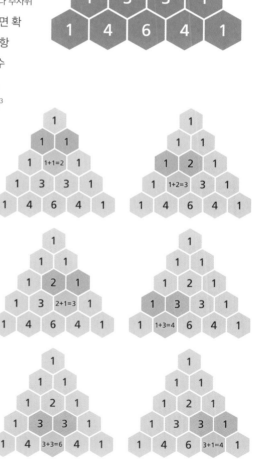

다. 파스칼은 삼각형을 일부만 보였지만, 무한히 확장할 수 있다. 이항 계수와 삼각형의 숫자가 일치한다는 놀라운 사실은 결코 우연이 아니다. 이 발견은 숫자와 확률에 대한 극본적인 진실을 밝혀주었고 동시에 확률론의 시작을 알렸다.

현재 파스칼의 삼각형이라고 불리는 이 삼각형은 단순히 이항 계수를 보여주는 것뿐 아니라 아주 놀라운 특징이 있다. 사실 이 삼각형은 파스칼이 태어나기 훨씬 이전부터 존재했다. 기원전 450년경 『메루산의 계단(Staircase of Mount Meru)』이라는 인도의 문헌에 등장한다. 하지만 진정한 의미를 이끌어내 확률론에 기여한 것은 파스칼이다.

도박을 넘어서

이후 수 세기 동안 수학자들은 파스칼의 삼각형에서 아주 중요한 패턴을 발견했다. 그중 하나는 피보나치 수열이다(57쪽 참조). 또한 각 행 위의 숫자, 메르센 수(Mersenne number)를 발견할 수 있다. 메르센 수는 2의 거듭제곱보다 1이 작은 수다. 예를 들면 1, 3, 7, 15, 31, 63이다.

빼놓을 수 없는 점은, 파스칼의 삼각형 위에 나눌 수 있는 수를 색칠하면 아름다운 프랙탈 패턴을 얻을 수 있다는 사실이다. 2로 나눌 수 있는 모든 숫자들을 색칠하면 폴란드의 수학자 바츠와프 시에르핀스키(Waclaw Sierpinski, 1885~1969)의 이름을 딴 시에르핀스키 삼각형 패턴이 만들어진다. 수학자들에게 파스칼 삼각형은 깊이 파고들수록 더 많은 비밀이 드러나는 금광이나 빙산과 다름없다.

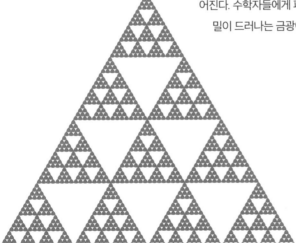

시에르핀스키 삼각형

찰나의 속도를 계산할 수 있을까?

미적분학의 발명

1665년

관련 수학자:
아이작 뉴턴과
고트프리트 라이프니츠

결론:
미분은 아주 짧은 시간 동안
일어나는 변화를 측정하는 데
사용할 수 있다.

아이작 뉴턴(Isaac Newton)은 병약한 소년이었다. 뉴턴이 태어난 1642년 크리스마스이브, 뉴턴은 너무 작고 연약해서 가족들 모두 그날 밤을 넘기지 못할 것이라고 생각했다. 뉴턴이 태어나기 전 아버지는 돌아가셨다. 뉴턴이 두 살 되었을 때 어머니는 부유한 목사와 결혼하기 위해 뉴턴을 외갓집에 맡겼고, 뉴턴은 큰 사랑을 받지 못하고 자랐다. 뉴턴은 외롭고 내성적으로 자랐지만, 다양한 문제에 집중하는 놀라운 능력이 있었고, 아마 그 덕분에 전 시대에 걸친 위대한 과학자가 되었다.

흑사병 속에서

뉴턴은 선생님의 지도로 케임브리지 대학교 법학부에 입학했다. 하지만 1665년 흑사병이 유행해 학교가 문을 닫아서 그랜트햄 근처 울소프에 있는 어머니의 집으로 돌아갔다.

집에서 혼자 머물며 무지개의 색깔부터 달과 행성의 궤도까지 다양한 난제를 연구했으며, 순수 수학인 미적분학을 창조했다. 50년 뒤, 뉴턴은 '내 모든 업적은 흑사병이 유행하던 1665년과 1666년에 완성되었고, 그 시기에 나는 가장 창조적이었으며, 그 어떤 때보다도 수학과 철학에 사로잡혀 있다'라고 적었다.

오늘날 미분은 엔지니어, 과학자, 의학 연구자, 컴퓨터 공학자와 경제학자가 항상 사용한다. 하지만 뉴턴은 이탈리아의 과학자 갈릴레오 갈릴레이(Galileo Galilei)가 남긴 문제를 풀기 위해 미분을 개발했다.

갈릴레오의 공

1590년대에 갈릴레오는 낙하 운동을 연구했다. 아리스토텔레스는 큰 물체가 작은 물체보다 빨리 떨어진다고 주장했다. 말하자면 벽돌 한 장이 벽

돌 반 장보다 두 배 빨리 떨어진다는 것이다. 하지만 갈릴레오는 이와 의견이 달랐다. 갈릴레오는 무게가 다른 여러 공을 피사의 사탑에서 떨어뜨려 전부 같은 속도로 떨어진다는 사실을 보이려고 했다.

갈릴레오는 경사면을 이용해 그것보다 더 정교한 실험을 수행했다. 나무판자를 자르고 다듬은 뒤 나무에 양피지를 발라 표면을 매끄럽게 만들었다. 이렇게 만든 나무판자의 한쪽 끝을 높인 뒤 청동으로 만든 공을 꼭대기에서 굴러 떨어뜨렸다. 이 경사면을 이용해서 (낙하 속도를 늦추기 위해서) 공이 얼마나 빨리 굴러 떨어지는지 속도를 측정할 수 있었다.

공이 굴러 떨어지면서 속도가 계속 빨라졌고, 갈릴레오는 이 공이 1초에 1만큼 움직이고, 2초에는 4, 3초에는 9, 4초에는 16만큼 굴러갔다는 것을 보였다. 공이 굴러간 거리는 시간의 제곱에 비례했다.

공의 가속도가 일정하다는 사실을 깨달았고, '정지 상태에서 출발했을 때, 같은 시간 안에서 속도의 증가량이 동일하다'라고 적었다. 이 운동을 수학적으로 표현할 수 없었지만 뉴턴이 약 70년 뒤 갈릴레오의 연구를 이어받았다.

뉴턴의 유율법

뉴턴은 임의의 시간에 갈릴레오의 공의 속도를 구하기 위해서는 즉각적인 위치의 변화율을 계산해야 한다는 사실을 깨달았다. 공이 굴러간 거리를 d, 시간을 t라고 가정하고 시간이 아주 짧은 순간인 q만큼 흘렀다고 해보자. 공이 굴러간 거리는 시간의 제곱에 비례하기 때문에, t에서 q만큼 시간이 흐른 이후 공이 추가로 굴러간 거리는 $(t+q)^2-t^2$이고 이를 전개하면 $(2qt+q^2)$이다.

시간 t가 (t+q)로 증가할 때, 평균 변화율은 (뉴턴은 이것을 d의 유율 (fluxion)이라고 불렀다) $(2qt+q^2)\div q$이고, 이를 전개하면 $(2t+q)$이다. 하지만 q는 아주 작고, 만약 q가 더 작아지면 $(2t+q)$의 값은 계속해서 2t에 가까워 질 것이다. q가 0에 가까워짐에 따라서 극한으로 가면 변화율은 2t와 같아진다.

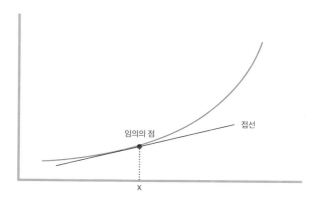

임의의 점

접선

x

이것을 미분이라고 하며, 이 방법을 미분법이라고 한다. 우리는 이제 t^2 의 미분값을 2t라고 할 수 있다.

복잡하지는 않지만 미분은 거대한 도약이었다. 뉴턴이 무한히 짧은 시간에 주목했기 때문이다. 무한을 다루는 것은 아주 까다롭지만 그 개념은 수학을 영원히 바꾸어놓았다.

미분으로 곡선의 경사를 구할 수 있다. 곡선이 t^2 그래프라고 가정해보면, 임의의 점에서 곡선의 경사(접선)를 찾을 수 있다.

뉴턴의 책 『유율법(Method of Fluxions)』은 1671년 마무리되었으나, 그가 죽은 후 한참 뒤인 1736년까지 출판되지 않았다. 출판이 지연된 것은 뉴턴의 비밀스러운 성격과 누구에게도 비판을 받고 싶지 않고 자신의 발상을 뺏기고 싶지 않았던 마음이 한몫했다. 뉴턴은 행성의 운동, 회전하는 유체의 표현, 지구의 모양에 대한 문제를 풀기 위해 미분을 사용했다. 그 밖의 다양한 문제들은 1687년 그의 인생 걸작인 『수학 원리(Principia Mathematica)』에서 다루었다.

라이프니츠의 논쟁
그 사이 독일의 수학자 고트프리트 빌헬름 라이프니츠(Gottfried Wilhelm Leibniz) 또한 독립적으로 (약 1673년에) 미분법을 개발했으며, 뉴턴보다 7년 늦었지만 뉴턴과 달리 바로 출판했다. 곧 격렬한 싸움이 이어졌다. 라이프니츠와 뉴턴 모두 상대방이 자신의 연구를 훔쳤다고 주장했다. 하지만 라이프니츠가 뉴턴보다 먼저 출판을 했고, 훨씬 분명한 표기법을 사용했기 때문에, 우리는 현재 라이프니츠의 표기법을 사용하고 있다.

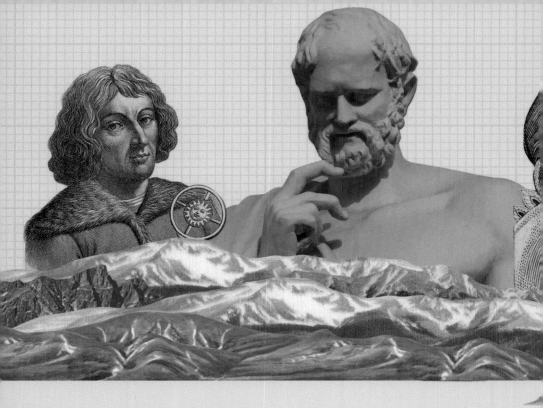

CHAPTER 4: 수학을 연결하다:
1666 ~ 1796년

아이작 뉴턴은 이런 유명한 말을 남겼다. "내가 멀리 보았다면, 그것은 거인의 어깨 위에 올라 서 있었기 때문이다." 뉴턴(그리고 라이프니츠)이 미적분학을 발명한 이후 등장한 수학적 발견에 대해서도 같은 말을 할 수 있을 것이다. 뉴턴과 라이프니츠는 수학자들에게 우주의 비밀을 파악하는 새로운 도구를 쥐어주었다. 수학자들은 이 기회를 놓치지 않고 양손을 벌려 받았고, 이 수학자들 중 세기의 천재가 둘 있었다.

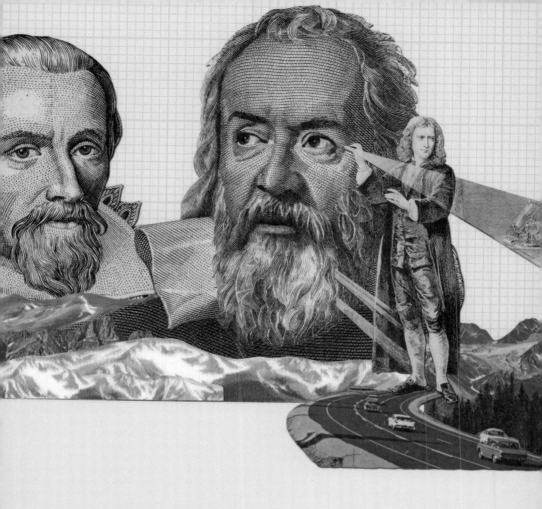

　　뉴턴 다음은 오일러의 시대였다. 이 뒤를 따른 수학자는 모든 분야에서 천재성을 보였
던 오일러와 비견될 만한 칼 가우스다. 오일러와 가우스는 논쟁할 여지없이 존재했던 수
학자들 중 가장 위대한 수학자다. 두 사람은 고전 역학부터 정수론에 이르기까지 다양한
분야에 기여했다. 비슷한 시기 라그랑주와 베르누이 같은 유명한 천재적인 수학자들도
있지만, 오일러와 가우스는 뉴턴 이후 시대의 두 거인이다.

관련 수학자:
레온하르트 오일러

결론:
오일러 숫자 e는 지속적인 증가의 상수다.

오일러 숫자란 무엇일까?

모든 증가 뒤에 있는 숫자

숫자는 항상 증가한다. 박테리아는 증식하고, 인구는 늘어나고, 불길은 퍼지고, 종은 침투하고, 복리는 가파르게 올라간다. 이 밖에 다양한 주제들이 변화율을 다루는 미적분학으로 설명된다. 미적분학에서 다른 어떤 것보다 중요한 것은 바로 오일러 숫자 혹은 오일러 상수인 'e'다.

수학자들은 'π'에 대해서는 아주 오래 전 고대 이집트 시대부터 알고 있었다. 파이는 기하학과 관련이 있는 상수며, 파이를 사용하는 실용적인 목적이 분명했기 때문이다. 원의 면적을 계산하려면 파이가 필요하다. 하지만 18세기까지 누구도 e가 필요하다는 사실을 몰랐다. 과거에는 사람들이 변화율의 크기를 계산하지 않았기 때문이다.

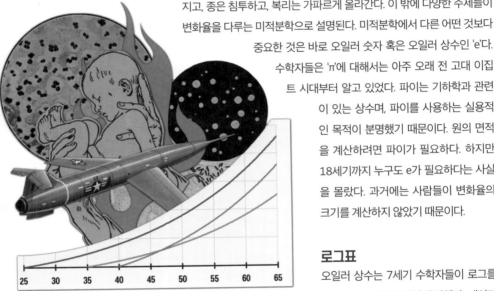

로그표

오일러 상수는 7세기 수학자들이 로그를 발전시키기 시작하면서 등장했다. 네이피어가 쓴 로그 책에는 다양한 숫자에 대한 자연 로그 값을 설명하는 부록이 딸려 있다. 로그는 성장에 관한 숫자이며 자연 로그는 로그에서 흔한 10 대신에 e를 밑으로 사용한다. 하지만 네이피어는 e라는 용어를 사용하지 않았고 그 중요성은 주목 받지 않았다. 이후 천재적인 네덜란드의 과학자 크리스티안 호이헨스(Christiaan Huygens)는 '로그' 곡선을 그래프로 표현했다.

호이헨스의 로그 곡선은 오늘날 우리가 지수 곡선이라고 부르는 것이며, e가 잠금을 해제했다. 지수적으로 증가한다는 뜻은, 간혹 아주 빠르게 가속해서 증가한다고 오해를 받는다. 하지만 이것에는 아주 특정한 의미가 있다. 지수적으로 증가한다는 것은, 증가가 임의의 시간에 비례한다는 것이다. 따라서 토끼의 숫자가 매달 2배로 증가한다면, 2, 4, 8, 16, 32, 64, 128, 256 등으로 커진다.

이자의 증가

e의 중요성은 1683년 스위스의 수학자 요한 베르누이(Johann Bernoulli)가 복리를 계산하며 알려졌다. 은행이 여러분이 저금한 1파운드에 대해서 넉넉하게 이자 100%를 준다면, 연말 계좌에는 2파운드가 있을 것이다. 하지만 은행이 이자 50%를 6개월마다 준다면 어떻게 될까? 처음 6개월이 지나고 여러분의 계좌에는 1.5파운드가 있다. 1년 뒤에는 1.5 파운드의 이자 50%를 받아, 여러분의 통장에는 2.25파운드가 있다.

사실 이자를 자주 계산할수록 복리로 이자를 더 많이 받게 된다. 하지만 이자를 더 자주 정산하면, 이자의 증가 폭은 줄어든다. 이자를 매일 계산하면, 2.71파운드를 얻는데, 이것은 한계에 가깝다. 하루에서 분으로, 그다음엔 초로 이자를 계산하면 이자의 증가 폭은 계속해서 줄어든다. 그렇다면 이자를 매 순간 계산하면 얼마를 얻게 될까? 그 금액은 여러분이 가질 수 있는 최대액수이고, 이 금액에 도달하면 더 이상 늘어나지 않을 것이다.

E 라는 이름을 갖다

베르누이는 e가 반드시 2와 3 사이의 숫자여야 한다는 사실은 알았지만 정확히 계산할 수 없었고, 로그와 연관 짓지 못했다. 이때 레온하르트 오일러(Leonhard Euler)가 등장한다. 1731년 크리스티안 골드바흐(Christian Goldbach)에게 쓴 편지에서 이 숫자를 e라고 불렀다. 'e'는 오일러의 이니셜이자 '지수(exponential)'의 첫 글자로 아주 멋진 이름이다. 하지만 오일러는 'a' 다음으로 오는 첫 번째 모음이 'e'이기 때문에 그렇게 지었을 것이다.

결과적으로 오일러 숫자라고 알려지게 된 e라는 명칭보다 더 중요한 것은 오일러가 계산한 값이다. 1748년 『무한소 해석 입문(Introductio in Analysin Infinitorum)』을 출판해 오일러 숫자를 소개했다. 오일러는 팩토리얼을 이용해서 이 숫자를 계산했다. 2 팩토리얼은 2!이고, 1×2=2를 의미한다. 3 팩토리얼은 3!이고, 1×2×3=6을 뜻하는 식이다. 다시 말해 어떤 숫자의 팩토리얼을 구하기 위해서는 1부터 그 숫자까지 모든 숫자를 전부

곱하면 된다. 하지만 e의 팩토리얼을 계산하기 위해서는 분수를 곱해야
한다. 우리는 지금 줄어드는 몫에 대해서 이야기하고 있기 때문이다.

e=1+1/1!+1/2!+1/3! 혹은 2+1/2+1/6=2.666...
e=1+1/1!+1/2!+1/3!+1/4! 혹은 2+1/2+1/6+1/24=2.708333...

오일러는 이 숫자를 무한히 계산해야 했고, 소수점 18번째 자리에서 계
산을 멈추었다.

e = 2.718281828459045235

어디까지 숫자를 계산했는지 설명하지 않았지만, 1/20!까지 계산하는
것으로 충분했을 것이다. 1962년 도널드 커누스(Donald Knuth)는 e를 소수
점 1271번째 자리까지 계산했지만, 파이를 정확하게 계산하기 위해 했던
것처럼 정확한 e의 값을 구할 필요를 크게 느끼지 못했고, 대부분의 경우
오일러가 계산한 정도면 충분했다.

성장 상수

e가 특별한 이유는 이 숫자가 성장 상수이기 때문이다. y의 증가를 e의 x
승, e^x으로 보여주는 그래프를 그리면, 임의의 점에서 y의 값은 e^x이고 이
그래프의 기울기는 e^x, 그래프 아래의 면적 또한 e^x이다. 이 말은 셋 중 어느
값이라도 알면 나머지를 얻을 수 있다는 뜻이고, 이것은 매우 유용하다. 오
일러 숫자가 없었다면 현대 미적분학은 지금보다 훨씬 어려웠을 것이다.

오일러는 -1의 제곱근을 뜻하는 수학적 기호 'i'를 만들었다. 그는 두 기
호를 통합해 일부 수학자들이 가장 단순하면서도 아름다운 공식이라고
생각하는 다음의 공식을 만들었다.

$e^{i\pi}+1=0$

많은 사람들이 이 공식이 수학이라는 학문 전체를 압축해서 보여준다고
말한다.

y=e^x 곡선

이 다리를 건널 수 있을까?

그래프 이론을 탄생시킨 게임

1736년

관련 수학자:
레온하르트 오일러

결론:
그래프 이론은 연결 관계를 연구하는 수학의 분야다.

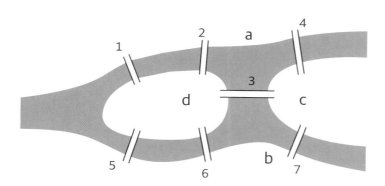

프레겔강

프러시아의 쾨니히스베르크(현재 러시아의 칼리닌그라드)의 주민들은 여름날 저녁이 되면 프레겔강을 따라 걷고 다리를 건너며 시간을 보냈다고 한다. 그들은 강 위에 있는 다리 7개를 건너는 것을 좋아했다. 강에는 두 섬이 있고, 두 섬을 연결하는 다리가 있다. 지역 주민은 모든 다리를 전부 한 번씩 건너기에 도전했지만 누구도 성공하지 못했다. 주민들이 다리를 건너는 중간에 카페에 들렀기 때문일까, 아니면 기하학적 구조 때문일까?

예를 들어, 북서쪽 구석에서 시작해 1번 다리를 건너 섬으로 이동하고 2번 다리를 건너 도시로 돌아갔다고 가정해보자. 그다음엔 4번 다리를 건너 다른 섬으로 이동하고, 3번 다리를 건너 첫 번째 섬으로 이동한다. 그리고 6번 다리를 건너고 5번 다리를 건너 첫 번째 섬으로 돌아온다. 이렇게 하면 첫 번째 섬에 갇히게 되고 아직 7번 다리는 건너지도 않았다.

만일 1, 5, 6, 2번 다리나 1, 5, 7, 4번 다리만 있었다면 상황이 쉬웠을 것이다. 하지만 다리 7개는 문제를 어렵게 만든다. 게다가 다리가 섬에 연결되어 있기 때문에 더욱 어려운 것처럼 보인다. 처음에 이 문제를 풀기 위해서는 다리가 짝수여야 한다고 생각할 수 있다. 하지만 다리 5개, 1, 5, 6, 3, 4번 다리를 건너면 손쉽게 도시로 돌아올 수 있다.

그래프 이론

이 문제는 천재적인 스위스 수학자 레온하르트 오일러가 해결했다. 그는 길을 건너는 이동 경로는 이 문제와 무관하다는 점을 지적했다. 문제가 되는 것은 다리가 놓인 패턴이다. 오일러는 문제의 지도를 그래프로 단순화해서 자신이 의미한 것을 보였다. 초록색 점(오일러는 이것을 노드(node)라고 불렀다)은 땅을 가리키고 검은색 선은 다리를 가리킨다.

오일러는 같은 다리를 두 번 건너지 않고 모든 다리를 건널 수 있는 방법은 없다는 사실을 설득력 있게 증명했다. 실제로 한 번에 건널 수 있는 상황을 만들었는데 쾨니히스베르크의 다리는 여기에 해당되지 않았다.

중요한 것은 이동 경로의 배치나 기하학적 구조가 아니라 연결점 (turning points)의 패턴이다. 오일러는 이 문제를 점은 도시와 섬을 가리키고 선은 이 점 혹은 '노드'를 연결하는 패턴으로 간략화했다.

보편 네트워크

이것이 바로 오일러가 보편적 해결법을 만든 방법이다. 오일러를 따라서 이와 비슷한 어떤 문제든 노드와 선으로 문제를 간단하게 만들어 해결할 수 있다. 선과 노드는 현실과 아무 관련이 없어도 상관없다. 이 문제는 그래프 문제로 완전히 전환되었다. 여러분이 해야 할 일은 노드를 적당한 위치에 두고 선으로 노드 사이를 연결하는 것뿐이다.

이 단순한 아이디어가 지형적 문제를 수학 문제로 바꾸어놓았을 뿐만 아니라 지도를 제작하는 사람들에게까지도 영향을 주었다. 지도 제작자들은 주변의 복잡한 도로 사정을 자세히 그릴 필요 없이 장소가 서로 연결되어 있음을 이미지로 보여주는 것으로 충분하다는 것을 깨달았다. 항공 루트와 고전적인 런던의 지하철 노선도를 보면 오일러의 아이디어가 얼마나 영향력이 있고 곳곳에서 사용되고 있는지 깨달을 수 있다.

좋은 연결선의 개수

따라서 오일러는 땅을 표시하는 점 4개를 찍고 다리를 나타내는 선 7개를 그었다. 이를 통해 각 노드들이 얼마나 잘 연결되어 있는지 바로 볼 수 있다. 노드 3개에는 연결선이 3개 있고 가운데 노드에는 연결선이 5개 있다. 오늘날 노드에 얼마나 많은 선이 연결되어 있는가는 '결합가(valency)'라고

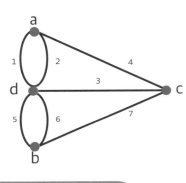

오일러의 해답

하며, 오일러가 쾨니히스베르크의 다리에서 영감을 받아 만들어진 방대한 수학의 한 분야인 위상수학에서 아주 중요한 역할을 한다.

오일러는 같은 지점으로 돌아오는 여행 경로인 닫힌 토러스(torus)와 여행이 다른 점에서 끝나는 열린 토러스를 살펴보았다. 직관적으로 모든 노드의 연결선이 홀수라면 중복 없이 한 번에 모든 경로를 지날 수 있는 방법을 발견할 수 없다는 사실이 직관적으로 바로 분명해 보인다. 도착 지점의 연결선의 개수와 출발 지점의 연결선의 개수가 같아야 한다. 다시 말해서, 최소한 한 노드의 연결선의 개수는 짝수여야 한다는 이야기다.

열린 경로에 대해서도 동일하다 어떻게 배열을 하든 정확히 두 노드의 연결선의 개수가 짝수여야 한다. 하나는 출발하기 위해서, 다른 하나는 도착하기 위해서.

오일러는 연결선의 개수를 숫자로 바꾸어 수학적으로 반드시 이렇게 되어야 함을 증명했다. 그가 한 증명은 꽤 복잡했지만 오늘날에는 훨씬 간단하게 해결할 수 있다.

지금은 어디에

오일러의 해답은 (혹은 정확히 말해 답이 없다는 증명은) 아주 기발한 추론이다. 문제를 수학적으로 해결하기 위해 선과 노드로 단순화시킨 방법은 그 자신도 짐작하지 못한 방식으로 발전되었다.

이 방법은 수학자들이 문제를 새로운 시각으로 해결하는 놀라운 방법이 되었고, 적용될 수 있는 범위가 폭발적으로 증가했다. 예를 들면, 오늘날 이 방법은 물류 이동을 계획할 때 사용한다. 또한 수학자들은 네트워크, 표면, 레이아웃을 탐험하는 수학의 세상이 있다는 것을 깨달았다. 이 세계를 위상수학이라고 한다. 위상수학은 과학자들과 수학자들이 다차원의 공간을 탐구하기 시작한 20세기 초반에 비로소 모습을 드러냈다. 수학자들은 이 방법을 이용해 복잡한 방정식을 푸는 방법을 깨달았다. 얼마 전 세상을 떠난 수학자 마리암 미르자하니가 보여주었듯 위상수학은 여전히 고차원적 수학의 최전방이다. 오일러의 다리는 아주 길게 뻗어 있다!

관련 수학자:
크리스티안 골드바흐

결론:
소수에 대한 골드바흐의 추측
은 아직 증명되지 않았다.

짝수는 소수로 이루어져 있을까?

두려울 정도로 간단한 정리

17세기와 18세기 수학자들은 숫자, 정확히 말해 정수에 이상할 정도로 푹 빠져 있었다. 정수를 연구하는 것은 순수하게 지적인 호기심이었다. 그 어떤 실용적인 목적도 찾을 수가 없었다. 하지만 그 당시 천재적인 수학자들은 다양한 방식의 숫자 놀이에 모든 관심을 쏟았다. 정수론이라는 이름을 얻게 된 이 학문은 수학자들에게는 가장 순수한 형태의 지적 활동이었다. 펜과 종이만 가지고도 스스로 연구할 수 있는 위대한 퍼즐이었다.

이런 숫자 퍼즐을 풀던 사람 중 하나가 크리스티안 골드바흐(Christian Goldbach)다. 골드바흐는 똑똑했지만 남들보다 아주 뛰어나지는 않았다. 하지만 아주 간단하면서도 주목할 만한 추측을 내놓았다. 골드바흐의 추측이라고 알려진 이 가설은 옳고 그름이 증명되지 않은 채 현재까지 모든 수학자들의 능력을 능가하고 있다. 골드바흐의 추측은 수학에서 아직 풀리지 않은 가장 오래된 문제 중 하나다.

수학 세계의 중심

골드바흐는 1690년 쾨니히스베르크에서 태어났다. 현재 러시아의 칼리닌그라드인 쾨니히스베르크는 당시 프로이센 제국의 작은 도시였지만, 18세기에는 지적인 활동이 활발하게 이루어지는 곳이었다. 뛰어난 철학자 임마누엘 칸트, 아마도 더 중요한 인물인, 그 당시 널리 알려지기 전이었지만 정수론의 대가인 레온하르트 오일러를 포함해 뛰어난 지성인들의 고향이다.

35세가 되던 해 골드바흐는 상트페테르부르크 임페리얼 칼리지의 수학과 교수이자 역사학자가 되었고, 확실히 왕실과 좋은 관계를 맺고 있었다. 3년 뒤 차르 표트르 2세의 선생으로 모스크바에 갔고, 1742년부터 프로이센 외교부에서 일하게 된다. 52세가 되던 해에 수학자들 사이에서 자신의 이름을 널리 알려야겠다는 생각을 한다.

골드바흐의 추측

1742년 6월 7일, 골드바흐는 잔뜩 들떠 오일러에게 편지를 보냈다. 편지에는 방금 소수에 대해서 발견한, 혹은 발견했다고 생각한 엄청난 사실이 설명되어 있었다. 소수는 1이 아닌 다른 숫자로는 나눌 수 없는 숫자를 말한다. 골드바흐는 편지에 이렇게 적었다.

> 두 소수의 합으로 표현할 수 있는 모든 정수는 모든 항이 1이 될 때까지 여러 소수의 합으로도 표현할 수 있다.

다시 말해, 2 이상인 모든 정수는 몇 개의 소수를 더해 만들 수 있다는 이야기다.

오일러는 이 발상에 크게 흥미를 느꼈고 이에 대해 논의하기 위해서 두 수학자는 편지를 주고받았다. 오일러는 골드바흐의 추측을 결정적으로 재구성했다. 다음과 같이 모든 짝수는 두 소수의 합으로 표현할 수 있다고 한다.

6=3+3

8=3+5

10=3+7=5+5

12=7+5

…

100=3+97=11+89=17+83=29+71=41+59=47+53

덧셈은 무한하게 계속된다. 골드바흐의 주장은 아주 의미심장하고 단순했다. 1742년 6월 30일 천재적인 수학자였던 오일러는 골드바흐가 옳다고 확신하지만, 도저히 증명하지 못하겠다고 적었다. 그리고 현재까지 어느 수학자도 성공하지 못했다.

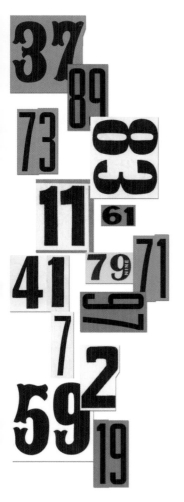

골드바흐의 추측을 증명하기 위한 시도

쾨니히스베르크에 살던 두 수학자가 계속 편지를 교환했을 때 새로운 생각이 떠올랐다. 현재 2가지 중요한 버전의 골드바흐의 추측이 있다. '약한' 버전과 좀 더 포괄적인 '강한' 버전이다. 만약 강한 버전이 증명되면 약한 버전도 자동으로 증명이 된다. 약한 버전이 원래 골드바흐의 생각이다. 이것은 어떤 홀수든 세 소수의 합으로 표현된다는 것이다. 강한 버전은 오일러가 언급한 모든 짝수는 두 소수의 합이라는 것이다.

골드바흐의 추측은 아주 간단하지만 처음 세상에 나온 이후로 끈질기게 수학자들을 괴롭혔다. 너무 단순하기 때문에 수학자들은 이 퍼즐을 풀면 반드시 숫자에 대한 근본적인 진리 또한 모습을 드러낼 것이라고 생각한다.

증명을 하는 한 가지 방법은 골드바흐의 추측을 따르지 않는 숫자를 찾는 것이다. 만약 반례를 단 하나라도 발견한다면 이 추측은 틀린 것이 된다. 2013년 컴퓨터를 이용해 4×10^{18}(4,000,000,000,000,000,000)까지 모든 숫자를 계산해보았으나 아직 예외가 없었다. 숫자가 커질수록 조합해서 짝수를 만들 수 있는 소수의 개수도 증가한다. 따라서 예외를 찾을 가능성은 거의 없다.

하지만 수학자들에게 '가능성이 거의 없다'라는 것은 증명이 아니다. 수학자들은 수학적 증명을 아직도 찾아 헤매고 있다. 골드바흐의 추측에는 다양한 버전이 있는데 그중에는 실제로 증명이 된 것도 있다. 예를 들어, 1930년 소비에트의 수학자 레프 시니렐만(Lev Schnirelman)은 모든 숫자를 20개 이하의 소수의 합으로 만들 수 있음을 증명했다. 1937년 또 다른 소비에트의 수학자 이반 비노그라도프(Ivan Vinogradov)는 모든 큰 홀수는 단 소수 3개의 합으로 만들 수 있다는 것을 증명했다.

이 난제를 풀기 위한 시도는 계속되어 2000년 출판사 파버 앤 파버에서는 골드바흐의 추측을 증명하는 사람에게 상금 100만 달러를 걸었다. 2012년 호주계 미국인 테렌스 타오(Terence Tao)는 홀수를 최대 소수 5개의 합으로 만들 수 있다는 사실을 증명함으로써 골드바흐의 약한 추측을 증명하는 데 아주 근접했다. 하지만 누구도 골드바흐의 강한 추측에 근접한 사람은 없다. 마치 골드바흐의 추측은 모든 수학 천재들을 물리치기 위한 운명을 타고난 것처럼.

유체의 흐름을 어떻게 계산할까?

압력과 에너지 보존

1752년

관련 수학자:
다니엘 베르누이

결론:
혈류 연구에 영감을 받은 베르누이는 왜 압력이 증가하면 속도가 감소하는지를 설명했다.

베르누이의 원리, 혹은 베르누이의 방정식은 1730년경 스위스의 수학자 다니엘 베르누이(Daniel Bernoulli)가 발견했으며, 현재까지 유체의 흐름에 대해 가장 근본적인 통찰력을 보인 방정식 중 하나다. 베르누이의 방정식은 특정 조건에서 압력과 속도가 반비례 관계에 있음을 보였다. 구체적으로 설명하면 유체의 속도가 느려지면 압력은 증가하고 반대로 속도가 빨라지면 압력은 감소한다는 뜻이다. 베르누이의 원리는 비행기 날개의 원리부터 투수가 커브볼을 던지는 원리까지 모든 것을 이해하는 데 중요한 역할을 한다.

처음 이 원리를 발견했을 때 베르누이는 갓 30세가 되었고, 러시아의 상트페테르부르크에서 황제 예카테리나 1세 밑에서 일하고 있었다. 베르누이의 조수는 또 다른 천재적인 젊은 수학자 레온하르트 오일러였고, 둘은 유체의 흐름의 수학적 원리에 완전히 매료되었다.

정맥과 동맥을 지나

아이러니하게도 베르누이가 유체의 흐름에 관심을 갖게 된 이유는 아버지 때문이다. 유명한 수학자였던 아버지 요한에게 휘둘리던 베르누이는 아버지가 사랑하던 수학에서 벗어나 아버지의 뜻에 반하는 의학의 길로 들어섰다. 베르누이는 약 한 세기 전 등장

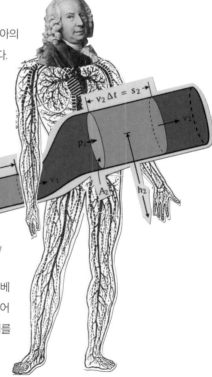

한 윌리엄 하비(William Harvey)의 혈액 순환론에 매료되었다. 하지만 베르누이의 관심은 생리학이 아니었다. 혈액이 동맥을 지나 정맥으로 어떻게 흐르는가와 혈압과 혈류가 어떻게 변하는지에 대해 강한 흥미를 느꼈다. 의학에 대한 관심은 저 멀리 사라지고, 혈류에 대한 관심으

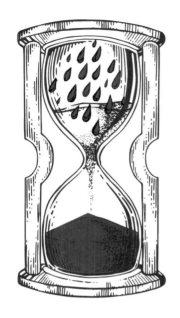

로 인해 아무리 궂은 날씨에도 같은 속도로 흘러내리는 선박용 모래시계를 개발한다. 이 간단한 발명으로 프랑스 과학 아카데미에서 처음으로 상을 받고 러시아에 초청되었다. 모래시계의 좁은 목을 통해 떨어지는 모래의 흐름은, 베르누이에게 혈액과 같은 유체 안에 있는 입자가 좁은 곳을 통과할 때 어떻게 움직이는지를 이해하는 데 핵심이 되었다.

에너지 보존

다른 핵심은 베르누이가 십대 때 아버지와 나눈 상상력을 자극한 대화에서 비롯되었다. 바로 시스템 안에서 에너지의 총량은 절대 변하지 않는다는 에너지 보존 법칙이다. 에너지는 보존되지만 에너지의 형태는 전환된다. 예를 들어, 그네에 앉아 있다고 해보자. 그네가 가장 높은 지점에 도달하면, 그 높이 때문에 '위치(potential)' 에너지가 커진다. 그네가 내려올 때 위치 에너지를 잃지만 속도가 가속되어 운동과 관련된 에너지인 '운동(kinetic)' 에너지를 얻는다. 이런 에너지 전환은 그네의 높이가 다시 높아지면 반복된다.

오일러와 베르누이는 지름이 다양한 파이프를 이용해 물의 흐름을 실험하기 시작했다. 파이프의 지름이 넓으면 물이 천천히 흐르고, 파이프가 좁아지면 속도가 바로 증가한다는 사실을 깨달았다. 에너지 보존 법칙을 고려하면, 물이 흐르는 속도가 증가해도 총 에너지는 변하지 않는다.

베르누이는 유체가 좁은 곳을 통과할 때 속도가 증가하면서 함께 운동 에너지도 반드시 증가한다는 사실을 깨달았다. 하지만 증가한 운동 에너지는 어디에서 비롯된 것일까? 그네를 생각해보면 운동 에너지는 위치 에너지가 전환된 것이어야 하고, 이 위치 에너지는 유체가 넓은 파이프를 통과할 때 더 높은 압력 때문에 생긴 것이어야 하며, 이 에너지가 유체를 흐르게 하는 것이어야 한다. 압력을 받으면 부피가 줄어드는 기체와 달리 물은 줄어들지 않는다. 따라서 상황은 모래시계의 좁은 목을 지나는 모래와 같다.

하지만 에너지의 총량이 제한된 상황에서 속도가 빨라지고 운동 에너지가 증가하려면, 무언가는 반드시 잃어야 한다. 바로 압력이다. 통로가 좁아지면 흐름과 속도가 빨라지고 압력은 반드시 낮아져야 한다.

이를 증명하기 위해 베르누이는 파이프 벽에 구멍을 뚫고 양끝이 뚫린 유리막대를 수직으로 삽입했다. 이 유리막대 위로 유체가 올라오는 높이가 압력을 명확히 나타내준다.

　같은 방식으로 동맥에 가는 유리관을 삽입해 혈압을 잴 수 있다. 이는 다소 거칠었지만 내과에서 혈압을 측정하는 표준이 되었고, 거의 170년 동안이나 지속되었다.

제한된 흐름

이와 같은 간단한 장치로 베르누이는 유체가 좁은 곳을 지나면 속도가 빨라지고 압력이 낮아진다는 것을 증명할 수 있었다. 이를 베르누이의 원리라고 한다. 약 20년 후 오일러는 이 원리를 오늘날 베르누이의 방정식이라고 하는 다음의 공식으로 정리했다.

$$v^2/2 + gz + P/\rho = 일정$$

　v는 유체의 속도이고, g는 중력 가속도를 뜻하며, z는 높이, P는 주어진 점에서의 압력이고, ρ는 유체의 전 지점에서의 유체의 밀도다.

　중요한 제한 조건은 기체의 법칙이 '이상(ideal)' 기체에만 적용되는 것처럼, 베르누이의 원리 역시 층류(laminar flow)라고 하는 조건에서만 적용된다. 층류란 균일하고 일정하게 흐르며 항상 같은 속도와 방향으로 흐르는 유체의 흐름을 말한다. 따라서 베르누이의 원리는 난류에는 적용되지 않지만 층류에 대해서는 기체와 액체에 모두 적용된다.

　베르누이의 원리의 핵심은 유체가 좁은 곳을 통과함으로써 속도가 증가하고 압력이 낮아진다는 점이다. 이 원리는 다양한 분야에서 중요한 역할을 했다. 예를 들어, 비행기가 떠오르는 원리는 공기가 구부러진 비행기의 날개 위를 지날 때, 공기의 흐름은 빨라지고 압력은 낮아지기 때문이다. 같은 원리로 곡면으로 된 요트의 닻이 바람을 받으면 앞으로 나아간다.

　베르누이가 자신의 생각을 출판하기까지는 시간이 걸렸다. 아버지의 화를 돋울까 걱정했기 때문이다. 1737년 『유체역학(Hydrodynamica)』이라는 책을 자신의 모든 연구 결과와 아버지에 대한 헌정사를 담아 출판했다. 하지만 아버지 요한은 화가 누그러지기는커녕 아들에게 앙갚음을 하기 위해 베르누이의 생각을 가지고 『수역학(Hydraulics)』이라는 책을 냈다. 베르누이가 수학을 포기했던 것은 바로 이 순간이었다.

———

우주에서는 어디에 주차할 수 있을까?

삼체문제

뉴턴이 중력을 설명한 이후로 수학자들은 삼체문제(three-body problem)에 매료되었다. 물론 가정 안에서 발생하는 곤란한 문제를 말하는 것이 아니라, 행성이나 달과 같은 3가지 '체(bodies)'의 상호 중력의 작용이 어떻게 이루어지는지에 관한 문제다.

1687년, 중력 이론과 함께 뉴턴은 어떻게 이체(two bodies)가 상호작용하는지 보이고, 무게중심을 잇는 선을 따라 두 대상이 어떻게 서로를 끌어당기는지 보였다. 중력에 대항해 작용하는 체의 운동량을 고려하면 상당히 간단한 수학으로 어떻게 움직이는지 계산할 수 있다. 하지만 태양과 지구, 달처럼 삼각형을 형성하도록 제3의 행성을 이체문제에 추가하면 무슨 일이 일어날까?

복잡한 역학

세 번째 개체를 추가하면 수학적 계산은 경이로울 정도로 복잡해진다. 심지어 오늘날까지 위대한 수학자들이 3세기 반이 지나도록 이 문제와 씨름했지만 삼체문제는 완전히 해결되지 않았다.

중력은 상호작용한다. 태양과 달, 지구는 각자 자기 운동량을 가지고 있으며, 동시에 각각의 행성은 다른 두 행성에 이끌리고, 세 행성이 우주에서 자전과 공전을 함에 따라 계속 바뀌고, 세 행성 사이의 거리 또한 달라진다. 게다가 지구와 달은 완전한 구형이 아니기 때문에 문제를 더욱 어렵게 만든다.

많은 수학자들이 제한적인 조건에서 이 문제를 해결하려고 시도했다. 대부분은 달의 운동에 집중했다. 하지만 1760년 스위스의 수학자 레온하르트 오일러가 제한된 삼체문제를 도입했고, 그는 여기에서 세 번째 천체가 입자처럼 아주 작아서 다른 두 대상에 중력이 미치지 않는다고 가정했다.

오일러의 자리를 이어받아 베를린의 프러시안 과학 아카데미의 수학 부장이 된 조세프 루이 라그랑주(Joseph-Louis Lagrange)가 등장했다. 라그랑주는 이탈리아의 토리노에서 한때 부유했지만 투기로 전 재산을 탕진한 몰락한 프랑스 군인의 아들로 태어났다. 어린 시절부터 수학에 뛰어난 재능을 드러낸 라그랑주는 17세에 모교의 교수가 되었다.

라그랑주의 과학적 업적은 베를린에서 정점에 이르렀다. 1788년, 당시 가장 위대한 수리물리책인 『해석역학(Mecanique analytique)』이라는 명저를 포함해 최고의 연구를 그곳에서 했다. 이 책에서 라그랑주는 '변분법(calculus of variations)'이라는 방법을 발전시켜, 역학의 뉴턴 모델에서 사용되는 방향성을 가진 힘을, 라그랑주 역학이라고 하는 일과 에너지 체제로 완전히 바꾸었다. 뉴턴 역학을 사용하려면 작용하는 힘의 방향성을 알아야 한다. 반면에 라그랑주는 방향에 의존하지 않는 에너지를 사용했고, 이 방법은 입자의 운동을 계산하는 데 뉴턴의 방식보다 훨씬 유용하다는 사실이 입증되었다.

라그랑주 역학은 계산을 더 쉽게 만들었을 뿐만 아니라, 우주에서 일어나는 운동을 더욱 심도 있게 이해할 수 있도록 했다. 이것은 대수학의 위대한 업적이다. 라그랑주는 기하학에 의존하지 않고 해석학을 신봉하는 사람이었으며, 자기 연구에 도표를 사용하는 것을 꺼렸다.

라그랑주의 점

『해석역학』을 집필하는 도중 라그랑주는 오일러의 제한적 삼체문제를 발견했고, 현재 라그랑주의 점으로 알려진 놀라운 발견을 한다. 오일러는 이미 세 번째 대상이 너무 작아서 다른 두 대상에 중력이 미치지 않는다고 문제를 변형해서 연구하고 있었다. 라그랑주는 궤도를 원형으로 제한하고 코리올리 힘(Coriolis force; 행성의 자전으로 생기는 힘)을 무시해 문제를 더욱 제한적으로 만드는 방법을 사용했다.

라그랑주 점은 태양과 지구 또는 지구와 달 같은 두 천체의 중력이 더 작은 천체에 작용하는 원심력과 정확히 균형을 이루는 한 지점을 의미한다. 이 상호작용은 소행성일수도 있고 비행선이 될 수도 있는 작은 물체가, 아무런 힘을 받지 않고 머무를 수 있는 우주의 '주차 공간'을 형성한다. 즉, 라그랑주 점은 인공위성이 정착할 수 있는 완벽한 지점이다. 태양, 지구, 달

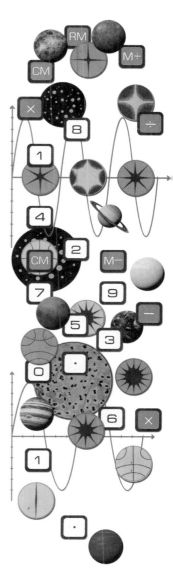

과 관련된 5개의 라그랑주 점이 있지만, 별과 천체가 상호작용하는 곳이라면 어디든 비슷한 점이 있다.

우주의 주차 공간

일직선으로 늘어서 있는 처음 라그랑주 점 3개는 오일러가 발견했다. 첫 번째 L_1는 태양과 지구 사이에 있으며, 지구에서 약 160만km 떨어져 있다. 태양과 태양권 관측소(SOHO; The Solar and Heliospheric Observatory)가 언제나 태양을 지켜보며 그 자리에 있다. 두 번째 라그랑주 점인 L_2는 반대 방향으로 지구에서 160만km 떨어져 있고, 달의 중력이 미치는 범위 한참 밖에 있다. 이곳에는 나사의 윌킨슨 마이크로파 비등방성 탐색기(WMAP; Wilkinson Microwave Anisotropy Probe)가 빅뱅 이후 남은 우주 배경 복사(cosmic background radiation)를 측정하고 있다. L_3는 지구 반대편, 태양의 뒤에 있다. 태양이 가리고 있기 때문에 과학자들은 이 점을 사용할 필요성을 느끼지 못하고 있다.

이 세 점 모두 굉장히 불안정하고, 마치 아이스크림콘의 뾰족한 부분에 인공위성을 주차하고 균형을 잡고 있는 것과 같다. 이 인공위성들은 중력의 영향을 받지 않기 위해 위치를 조금씩 바꾸고 있다. 하지만 1772년 라그랑주는 L_4와 L_5라는 점을 더 발견했고, 이 점은 태양과 지구를 잇는 축과 각도를 이루어 삼각형을 형성하고 있다. 이 두 점은 아주 안정적이어서 그리스 소행성과 트로이안 소행성을 포함한 우주의 먼지나 소행성이 그곳에 머물고 있다. 어떤 사람들은 L_4와 L_5가 아주 안정적이기 때문에 우주에 인공식민지를 건설할 수 있을 것이라고 주장했다. 어느 날 지구가 더 이상 견딜 수 없을 때가 되면, 여러분은 아마 라그랑주 점으로 떠나고 싶을지도 모른다.

개미는 자신이 공 위에 있다고 말할 수 있을까?

가우스 곡률

칼 프리드리히 가우스(Carl Friedrich Gauss)는 1777년 지금은 독일인 브라운슈바이크에서 태어났다. 글을 몰랐던 어머니는 아들이 태어난 날을 적어두진 않았지만, 그 날이 수요일이었고, 그리스도 승천 축제 8일 전이자, 부활절에서 39일이 지났다는 것을 기억하고 있었다. 가우스는 부활절을 찾기 위해 공식을 만들었고, 자신이 분명 4월 30일에 태어났다고 계산해냈다.

1에서 100까지 더하기

가우스에 대해 알려진 가장 유명한 일화는 아마 7세 때 학교에서 선생님이 숫자 1부터 100까지 더하라고 한 이야기일 것이다. 다시 말해 1+2+3+4+ … +100을 계산해야 한다. 어린 가우스는 몇 초 만에 합이 5,050이라고 대답했다.

아마도 가우스가 상상했던 것은 모든 숫자가 한 줄로 늘어서 있고, 같은 숫자가 역순으로 그 아래 한 줄로 서 있는 모습이었을 것이다. 그리고 숫자 열을 전부 더했다.

이렇게 하면 총 합은 100×101=10,100로 1부터 100까지 합의 두 배다. 따라서 원래 문제의 대답은 10,100의 절반인 5,050이 된다. 가우스는 암산으로 이 계산을 해낼 수 있을 정도로 똑똑했다. 아니면 이미 풀었던 문제였을 수도 있다.

가우스 곡률

유클리드(34쪽 참조)가 기술한 기초 기하학은 항상 평평한 표면이나 평면을 다룬다. 이런 평면에서 삼각형의 내각의 합은 항상 180도다. 하지만 곡면에서는 더 이상 사실이 아니다. 지구를 한번 생각해보자. 그리니치 자오선과 90도 서쪽 자오선은 북극에서 90도로 만난다. 또한 둘 다 적도와 90도로 만난다. 따라서 이 삼각형의 내각의 합은 180도가 아니라 3×90도 =270도. 가우스는 이런 기하학을 '비유클리드 기하학'이라고 불렀다.

가우스는 이렇게 설명했다. 커다란 구의 표면을 기어다니는 개미가 이 표면이 평면인지 구면인지 쉽게 말할 수 있을까? 개미는 구 위에 삼각형을 그리고 내각의 합이 180도가 되는지 볼 수 있다.

가우스의 천재성에 대해 들었던 브라운슈바이크의 공작은 가우스를 괴팅겐 대학교로 보냈고, 그곳에서 가우스는 19세에 수학계를 뒤집어놓은 발견을 했다.

17각형

피에르 드 페르마는 $x=2^n$일 때 $F=(2^x+1)$의 형태인 숫자의 집합에 대해 연구하고 있었다. 처음 F의 값 넷은 3, 5, 17, 257이고, 전부 소수이며 페르마 소수라고 불린다.

가우스는 자와 컴퍼스만 있으면 면의 개수가 페르마 소수나 페르마 소수의 2, 4, 8, 16 혹은 2^n배인 정다각형을 그릴 수 있다는 것을 발견했다. 다시 말하면 정삼각형, 정오각형, 정17각형, 심지어는 정257각형을 그릴 수 있다는 이야기다.

이 발견으로 가우스는 수학자가 되기로 결심했고, 자신의 묘비명으로 정17각형을 새겨달라고 부탁했다. 불행히도 석공은 도형이 너무 복잡해서 뭘 해도 일그러진 원처럼 보일 거라고 이야기했다.

삼각수

삼각수는 1, 3, 6, 10, 15, 21 등의 숫자를 말하며, 각 숫자는 정삼각형을 이루는 점의 개수를 나타낸다.

1796년 6월 10일, 가우스는 일기에 'Eureka - num = △+△+△'라고

적었다. 이 말은 모든 숫자가 기껏해야 최대 3개의 삼각수의 합이라는 뜻이다.

점으로 만든
정삼각형

따라서 예를 들면,

5=3+1+1,

7=6+1,

27=21+6

등등

소수의 분포

다른 수학자들처럼 가우스도 소수와 소수의 분포에 빠져 있었다. 다음 소수를 예측하는 것은 아주 어려운 일이었지만 소수표를 보고 난 뒤 가우스는 흥미로운 패턴을 파악했다. 10,000 이후에 N을 10으로 곱할 때마다 2.3을 소수 사이에 있는 비소수의 평균 숫자에 더해야 했다. 이 패턴은 마치 곱하는 대신에 더하기를 하는 로그 관계처럼 보인다(63쪽 참조).

가우스는 15세 때 그가 발견한 것을 표로 정리했고 자연 로그를 이용해 소수의 다양한 특성을 계산할 수 있다는 사실을 깨달았다. 따라서 숫자 N까지, 1/ln(N)은 소수이고 N보다 작은 소수의 개수는 약 N/ln(N)개다. 가우스가 밝힌 소수의 규칙은 정수론의 중요한 발전이었다.

CHAPTER 5: 인명 구조, 논리, 실험:
1797 ~ 1899년

19세기는 산업혁명으로 인해 거대한 기계가 생산되던 시대였다. 더 커다란 기계의 등장은 더욱 영향력 있는 실험을 할 수 있다는 것을 의미했다. 이렇게 실험을 통해 관측한 결과는 그것을 뒷받침해줄 수 있는 수학적 이론이 필요했다. 실제로 열 실험은 푸리에가 사인과 코사인으로 된 푸리에 급수를 연구하도록 이끌었다. 실험과 이론은 다른 두 갈래 길을 만들었다. 찰스 배비지 같은 일부 수학자들은 이런 기계의 등장을 바라보며 기계가 어떻게 수학에 도움이 될 수 있을지를 생각했고, 다음 세기에 발명될 것의 초석을 다

졌다. 이와 다르게 이 시대는 더욱 추상적인 수학의 다양한 분야에 대한 관심이 증가하기도 했다. 19세기 가장 추상적인 수학은 도형을 마치 지점토처럼 취급해 기하학적 대상을 변형시키는 학문인 위상수학일 것이다. 하지만 추상적인 수학이라고 해서 일상생활에서 쓸모가 없다는 뜻은 아니다. 논리 문제를 해결하기 위해 대수학을 이용하는 불의 수학적 논리는 아주 추상적으로 보였다. 하지만 불 대수는 오늘날 우리가 사용하는 기술 전 영역에 걸쳐 중요한 역할을 하고 있다.

1807년

관련 수학자:
장 바티스트 푸리에

결론:
열전달을 연구하던 푸리에는 오늘날 가장 영향력 있고 어느 분야에서나 사용되는 수학적 도구를 만들었다.

파동이 어떻게
온실 효과를 일으킬까?

푸리에 변환

여러분이 피아노 건반을 치는 소리를 들을 때, 이 소리는 공기를 통해 여러분에게 전달이 된다. 소리는 공기 입자들을 빠르게 밀고 당겨 입자들이 뭉쳤다가 흩어지게 만들기를 반복해 공기 중으로 퍼져나간다. 하지만 여러분의 귀는 아무것도 느끼지 못한다. 여러분이 듣는 것은 아름다운 소리뿐이다. 여러분의 귀에 있는 신경말단의 구조가 공기의 움직임을 들을 수 있는 음으로 변화시킨다.

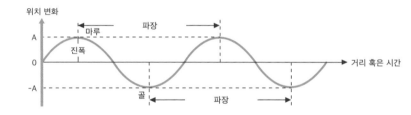

사인파의 일부

푸리에 변환

음파와 같은 신호를 소리로 바꾸어주는 변환은 상상할 수 있는 우주의 전 영역에 걸쳐 있다. 파동은 반복적으로 퍼져나가고 에너지를 전달하는 단순한 현상을 말한다. 단순히 소리뿐만 아니라 전자기파, 전자기파의 한 종류인 라디오 신호, 열, 호수 위의 물결, 증권 시장에서 주가의 움직임 등 셀 수 없이 많은 운동을 파동으로 설명할 수 있다. 1807년 프랑스 수학자 장 바티스트 푸리에(Jean-Baptiste Fourier)가 개발한 푸리에 변환이라고 하는 뛰어난 업적 덕분에, 우리의 귀가 음파를 소리로 바꾸는 것처럼 파동을 연구할 수 있는 수학적 도구를 갖게 되었다. 푸리에 변환은 복잡한 진동을 사인파라고 하는 그래프 위의 단순하고 대칭적인 곡선으로 바꾸어준다. 푸리에 변환은 과학자들이 복잡한 파동을 연구할 때면 언제나 소환된다. 또한 푸리에 변환은 배경 소음에서 원하는 신호를 분리하기 위해 사용하는 놀라운 수학적 도구다. 신호가 먼 우주에서 오는 방사선이든 인터넷에 존재하는 압축된 디지털 이미지이든 관계없다.

1768년 프랑스의 오세르에서 태어난 푸리에는 프랑스 혁명의 그림자 아래에서 성장했고, 혁명의 정신을 전파하는 데 열정적이었다. 그는 1795년 과격한 방법을 사용해 구금되었지만 곧 풀려나 자리를 회복하고, 프랑스 최고 대학인 에콜 폴리테크니크의 학장으로 임명되었다. 1798년 푸리에는 나폴레옹의 과학 고문으로 임명되어 이집트로 떠났다. 그는 이집트의 극도로 뜨거운 열기를 사랑했고, 1801년 프랑스로 돌아와서는 방의 온도를 말도 안 될 정도로 높이고 몸을 항상 따뜻한 옷으로 감쌌다.

나폴레옹이 푸리에를 그르노블의 지사로 임명한 뒤 푸리에는 열이 금속 막대를 통해 어떻게 전달이 되는지 실험을 시작했다. 1807년, 초기 발견을 「고체의 열전달론(Mémoire sur la propagation de la chaleur dans les corps solides)」이라는 제목의 중요한 논문으로 출간한 뒤, 1822년 후속 연구로 『열 해석학(Théorie analytique de la chaleur)』을 출간했다.

열 모델링

과거 여러 수학자들이 열운동을 수학적으로 모델링하기 위해 삼각법(그래프 위의 각도를 이용하는 방법)을 사용했고 사인파를 만들어냈다. 사인파 그래프는 시간에 따른 세기의 변화를 보여주는 함수이며, 사인파는 위 아래로 아름답게 대칭적으로 움직이는 곡선을 그리면서 (음파가 진행할 때 공기 분자가 움직이는 것처럼) 규칙적으로 진동하거나 규칙적으로 위치가 변한다. 곡선 각도의 사인 값은 위치 변화와 일치한다. 푸리에는 어떻게 하면 복잡하게 얽혀 있는 여러 진동을 단순한 사인파로 바꿀 수 있는지를 보여주었다.

소리가 귀에 도달할 때 음파는 음의 높이와 세기라고 하는 복잡한 주파수와 진폭으로 이루어져 있다. 귀가 하는 일은 소리를 걸러내고 인식할 수 있는 높이의 신경 신호로 음파를 변환하는 것이다. 푸리에 변환은 복잡한 신호를 사인파로 바꾸기 위해, 열 방정식이라고 하는 기초 편미분 방정식을 이용해 신호를 수학적으로 변환한다. 디지털 사진을 .jpeg 포맷으로 압축시킬 때마다 간접적으로 푸리에 변환을 사용하고 있다.

푸리에의 관심은 열에 있었지만, 푸리에 변환이 얼마나 다양한 분야에서 응용될 수 있는지 곧 밝혀졌다. 45년 뒤 유명한 물리학자 켈빈(Kelvin) 경은 이렇게 썼다.

> 푸리에의 정리는 현대 해석학의 가장 아름다운 결과일 뿐만 아니라 거의 대부분의 난해한 현대 물리학 문제를 해결하는 데 없어서는 안 되는 기법이라 할 수 있다.

온실 효과

열운동에 대한 열정으로 푸리에는 온실 효과라고 하는 또 다른 중요한 발견을 했다. 1820년대 푸리에는 한 세기 전 오라스 베네딕트 드 소쉬르(Horace-Bénédict de Saussure)가 수행한 '뜨거운 상자'라는 실험에 호기심이 생겼다. 이 뜨거운 상자의 내부에 검은색 코르크를 붙였고, 상자를 햇빛 아래에 두었다. 소쉬르는 상자를 세 칸으로 나누었고 가운데 칸의 온도가 제일 높다는 사실을 관측했다.

푸리에는 이것이 열이 흡수되고 손실되는 방식 때문이라는 것을 깨달았다. 그는 유리로 동일한 상자를 만들었다. 시간이 지나며 상자 안의 공기는 상자 주변보다 뜨거워졌고, 이 사실은 유리가 햇빛을 흡수하지만 열이 빠져나가지 못하도록 가둔다는 사실을 보였다. 그는 지구 또한 이 유리 상자와 비슷한 역할을 한다고 추측했다. 대기를 뚫고 들어오는 햇빛은 유리를 뚫고 들어오는 빛처럼 지구의 온도를 높이지만, 유리처럼 대기를 구성하는 기체가 열이 다시 우주 밖으로 빠져나가지 못하도록 막는다. 이 모델이 온실과 비슷했기 때문에 이후에 '온실 효과'라는 이름으로 불리게 되었다.

진동은 왜 패턴을 만들까?

수학적 탄성을 향한 첫 걸음

지금까지의 과학자들이 했던 실험 중 가장 아름다운 것을 꼽으라면 독일의 물리학자 언스트 클라드니(Ernst Chladni)의 진동하는 판 실험이 포함될 것이다. 클라드니는 금속 판 위에 모래를 뿌리고 바이올린 활로 이 판을 연주했다. 판 위에 모래는 즉시 춤을 추기 시작했고, 클라드니 도형이라는 아름다운 패턴을 형성했다. 모래가 그리는 패턴은 마법처럼 보일 정도로 아주 독특했다.

    클라드니가 1808년 나폴레옹 앞에서 이 판을 연주했을 때 나폴레옹도 이렇게 생각했다. 황제는 즉시 이 현상을 설명할 수 있는 수학자에게 황금 1kg을 수여하겠다고 선언했다. 어마어마한 상금이 걸려 있었지만 대부분의 수학자들은 이 문제에 겁을 먹고 나서려 들지 않았다. 그때 마리 소피 제르맹(Marie-Sophie Germain)이라는 젊은 여자가 이 문제를 증명하는 데 혼신의 힘을 기울였고, 결국 탄성의 수학적 원리와 힘이 가해질 때 어떻게 금속이 구부러지고 스프링이 제자리로 돌아가는지를 설명하는 돌파구를 찾을 수 있었다.

여자답지 않은 여자

마리 소피(짧게 소피) 제르맹은 수학 역사상 가장 기이한 인물 중 하나다. 제르맹은 1776년 파리에서 태어났고, 13세가 되던 해에 혁명이 프랑스를 휩쓸었다. 집에 갇혀 있던 제르맹은 아버지의 서재에서 발견한 수학책에 푹 빠졌다. 자라면서 수학에 대한 제르맹의 열정은 여느 여자들과는 달랐다. 부모는 제르맹이 밤에 공부를 하지 못하도록 따뜻한 옷을 빼앗고 난로를 꺼버릴 지경이었다. 하지만 제르맹은 부모가 결국 포기할 때까지 잠옷을 입고 추위에 떨며 수학책

을 더 열심히 읽을 따름이었다.

제르맹은 오귀스트 르 블랑(Auguste Le Blanc) 이라는 가짜 남학생 이름으로 에콜 폴리테크 니크에 학생으로 등록했지만, 결국에는 수업 담당교수였던 천재 수학자 조 세프 루이 라그랑주 앞에서 자신 의 정체를 밝히기에 이르렀다. 하지만 라그랑주는 제르맹 의 수학적 능력에 깊이 감 명 받고 죽을 때까지 지지 해주었다.

나폴레옹의 상

제르맹은 여자이기 때문에 정규 교육을 받을 수 있는 학교에 입학할 수 없었다. 이 때문에 기초적인 실수를 자주 지적 받았고, 사소한 오류가 제르맹이 하는 연구의 진정한 천재성을 가렸다. 그럼에도 오일러의 연구에 감명 받았던 제르맹은 탄성 방정식을 만들었고, 1811년 자신의 연구를 수상 심사 기관인 프랑스 학사원에 제출했다. 하지만 증명 과정에 있는 사소한 실수 때문에 제르맹이 유일한 제출자였음에도 수상을 하지 못했고, 상은 이듬해로 넘어갔다.

그때 라그랑주는 제르맹의 해석을 뒷받침했던 방정식을 꺼냈다. 비록 제르맹은 라그랑주의 방정식이 실제로 몇 가지 클라드니 패턴을 생성했다는 사실을 설명할 수 있었지만, 수학적 배경이 불완전한 것으로 여겨졌다. 따라서 제르맹은 여전히 유일한 제출자였지만 두 번째로 수상이 거부되었고, 겨우 공헌을 기리는 말뿐인 찬사를 받았다.

마침내 1815년, 세 번째 만에 제르맹은 이 상을 받을 수 있었다. 하지만 기쁨과 씁쓸함이 공존하는 수상이었다. 수상 바로 직전 역시 탄성을 연구하고 있던 심사위원 중 한 사람인 시메옹 푸아송(Siméon Poisson)은 제르맹의 해석에 결점이 있고 수학적으로 엄밀하지 않다는 퉁명스러운 메모를 썼다.

그런데도 제르맹은 탄성 연구를 멈추지 않았고, 1825년 학사원에 중요한 논문을 제출했다. 하지만 푸아송이 위원으로 있던 프랑스 학사원에서는 제르맹의 논문을 무시했다. 이 논문은 55년간 분실되었다가, 1880년 마침내 발견되어 제르맹이 탄성 연구에 보인 커다란 진전을 드러냈다.

재발견

제르맹의 동료 수학자 중 하나였던 오귀스탱 루이 코시(Augustin-Louis Cauchy, 1789~1857)는 제르맹의 분실된 논문을 읽고 이 논문을 출판하라고 권유했다. 코시는 1822년 응력파가 어떻게 탄성체를 통해 전파되는지를 보이는 중요한 논문을 썼다. 이 논문은 '연속체 역학'이라는 학문의 시작을 알렸다. 연속체 역학은 물질을 입자의 집합이 아니라 하나의 연속체로 다룬다. 제르맹의 연구가 이 논문에 큰 영향력을 끼쳤다는 사실은 분명하다.

제르맹의 또 다른 업적은 클라드니의 판 위에 나타나는 패턴의 원리를 설명한 것이다. 이런 무늬가 나타나는 이유는 모래가 무늬 위에서는 움직이지 않기 때문이다. 바이올린 활이 판을 진동시킬 때 모래는 판이 진동하지 않는 아주 좁은 영역으로 이동하고 그 위치에 쌓인다. 이 패턴은 바이올린 활로 판을 문지를 때 판이 아주 살짝 구부러지는 방식에 따라 결정된다. 물론 금속판은 한 번에 구부러지지 않는다. 판은 떨리는 자처럼 진동하고 앞뒤로 아주 살짝 구부러진다. 따라서 판에 생기는 아주 약간의 왜곡이 파동을 판 전체로 퍼뜨리는 진동이다.

제르맹의 업적은 '표면 위의 한 점에서 진동은 그 점에서의 표면의 주곡률반경의 합에 비례한다'라는 탄성파의 모양에 대한 법칙으로 요약할 수 있다. 제르맹이 쓴 마지막 논문은 곡률과 탄성의 관계를 밝히고, 비눗방울에서 발견할 수 있는 평행 상태의 법칙과 탄성체의 운동을 발견할 수 있도록 이끌었다.

제르맹은 여생을 페르마의 마지막 정리(165쪽 참조)를 푸는 데 헌신했다. 부분적으로 페르마의 마지막 정리를 증명하는 데 성공했으며, 오늘날 소피 제르맹 소수라고 부르는 특별한 소수를 분류했다. 이 소수는 1990년대 마침내 페르마의 마지막 정리가 증명되었을 때 증명의 한 부분을 차지했다.

관련 수학자:
에바리스트 갈루아

결론:
일찍 저문 천재의 삶은 우리에게 복잡한 방정식을 푸는 강력한 도구인 군 이론을 선사했다.

다른 해답이 존재할까?

방정식을 푸는 새로운 방법

에바리스트 갈루아(Evariste Galois)가 복잡한 방정식을 풀 때 대칭성의 힘을 발견한 일화는 수학사에서 가장 가슴이 뛰면서도 비극적인 이야기다.

갈루아는 프랑스 나폴레옹 제국이 무너지고 난 뒤 여파가 가시지 않은 시대에서 성장했다. 십대 때 열렬한 공화당파였고 그로 인해 자주 곤경에 처했다. 갈루아는 아주 뛰어나고 상상력이 풍부한 소년이었다. 종종 알아볼 수 없는 글씨로 수학에 대한 통찰력을 휘갈겨 썼다.

천재의 메모

갈루아를 가르친 선생은 갈루아가 대충 흘겨 쓴 이 종이더미 위에 그 당시 가장 위대한 수학적 성취가 이루어지고 있다는 사실을 꿈에도 깨닫지 못했다. 갈루아는 복잡한 방정식 풀이에 빠져들었고 특히, 당시 수학자들이 사용하던 대수 공식으로 이 문제를 푸는 데 한계가 있다는 사실에 강하게 끌렸다. 그는 2차, 3차, 4차방정식(최고 차수가 제곱, 세제곱, 네제곱인 방정식)의 대수적 해법을 찾을 수 있지만, 5차 이상의 방정식의 해법은 찾을 수 없다는 사실을 아주 빠르게 증명했다.

갈루아는 16세 때 복잡한 방정식을 푸는 데 아주 혁명적인 방법을 제안했다. 1829년과 1831년 사이 프랑스 과학 아카데미에 자신의 발상을 담은 논문을 세 차례 제출했다. 처음 두 번은 논문이 제대로 도착하지 않았고, 세 번째 제출했을 때에는 심사위원 중 한 사람이었던 시메옹 푸아송(마리 소피 제르맹의 연구를 거세게 비판했던 바로 그 사람)이 쓴 갈루아의 연구는 이해하기 어렵고 (잘못되게) 결정적인 오류가 있다는 서신과 함께 되돌아왔다.

비극적인 운명의 장난

그때, 7월 혁명이 부르봉 왕조의 마지막 왕 샤를 10세를 추방하고 '시민 왕' 루이 필리프를 왕좌에 앉혔다. 갈루아의 삶은 아버지가 스스로 목숨을 끊고 나서 끔찍한 비극에 휩싸였다. 아버지의 죽음과 계속된 논문의 거절로 괴로움에 빠진 까닭이었을까, 갈루아는 공화주의 운동에 적극 헌신하게 된다. 갈루아는 두 번 체포되었고, 바스티유 근처에서 세 번째 체포되었을 때는 장전된 라이플과 권총, 단검을 지니고 있었다. 감옥에 갇혔고 그곳에서 일부 재소자들에게 괴롭힘을 당하고 자살을 시도했다.

1832년 4월, 감옥에서 풀려난 갈루아는 스테파니 펠리스 뒤 모텔 (Stéphanie-Felice du Motel)이라는 여인과 사랑에 빠졌다. 두 사람은 편지를 교환했고 갈루아의 수학 노트에는 스테파니의 이름이 휘갈겨 쓰여 있었다. 하지만 일이 잘 풀리지 않았다. 5월 30일, 갈루아는 결투에 휘말려 총상을 입고 곧 사망하고 말았다. 당시 고작 20세였다.

공통적인 것

자신의 죽음을 예견했던 것일까, 갈루아는 결투 전날 밤 자신이 가진 모든 생각을 글로 남겼고, 그가 역사 속에 존재했다는 사실이 필사적으로 거기에 기록되어 있다. 갈루아가 설명했던 것은 복잡한 방정식은 대칭성과 패턴을 파악해야 풀 수 있지 대수적인 방법으로 이런 저런 시도를 하는 것은 가망이 없다는 것이다.

예를 들어, $\sqrt{4}$는 무엇일까? 정답은 2다. 하지만 -2가 될 수도 있다. 두 답에는 차이가 있지만, -2는 2와 단순히 부호의 차이만 있기 때문에 대칭성이 존재한다. 갈루아는 정답을 찾기 위해 방정식을 분해해볼 필요 없이,

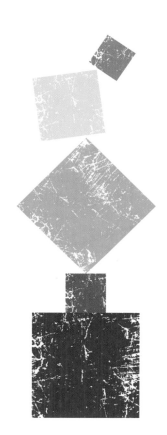

다른 부분 혹은 '군'을 찾아서 군을 치환하는 방식으로 군을 교환하면 된다는 천재적인 통찰력을 가지고 있었다.

대칭성의 힘

대칭성은 아주 중요한 개념이다. 예를 들어, 정사각형은 여러 대칭적 특성을 갖고 있다. 정사각형은 90도 회전해도 모양이 똑같다. 뒤집어도 여전히 똑같다. 하지만 한쪽 방향으로 뒤집으면 정사각형은 한쪽 면이 앞을 향하게 된다. 반대 방향으로 뒤집으면 정사각형의 반대쪽 면이 앞을 향한다. 이런 대칭 회전의 잘 알려진 사례 중 하나로 루빅스 큐브가 있다. 물론 갈루아는 실제의 정사각형이나 정육면체를 가리키지 않았다. 그가 의미한 것은 항의 군이다. 하지만 발상은 동일하다. 방정식을 푸는 것은 다양한 조합으로 루빅스 큐브를 푸는 것과 비슷하다. 갈루아의 방정식의 풀이에 대한 통찰력은 놀라울 정도다.

하지만 갈루아의 발상이 의미 있다는 것을 인정받기까지 아주 오랜 시간이 걸렸다. 20세기 '군' 이론은 수학의 주요 분야가 되었으며, 다른 종류의 군이 그때부터 지금까지 계속 발견되었다.

오늘날의 갈루아

2008년, 수학계에서 아주 중요한 상인 아벨상이 존 그릭스 톰슨(John Griggs Thompson) 교수와 자크 티츠(Jacques Tits) 교수에게 돌아갔다. '대수학에 대한 포괄적 성취와 특히 현대 군 이론을 정립한' 공로로 이 상을 받았고, 두 사람의 연구는 군 이론의 방대한 영향력을 보여주었다. 두 사람이 거의 2세기 전 인물인 갈루아에게 빚을 지고 있다는 사실은 분명하다.

게다가 더 중요한 사실은 군 이론이 아원자 세계를 이해하는 수학적 토대가 되었다는 점이다. 군 이론은 물리학자들이 서로 다른 입자와 입자 간 상호작용에 관계된 대칭성을 파악할 수 있게 해준다. 갈루아의 군 이론이 없었다면 양자역학은 불가능했을 것이다.

기계가 표를 만들 수 있을까?

최초의 기계식 컴퓨터

1837년

관련 수학자:
찰스 배비지와
에이다 러브레이스

결론:
기계적 계산기에 대한 배비지
의 발상은 러브레이스가 컴퓨
터 프로그램의 시초를 창조할
수 있게 도왔다.

1810년 케임브리지 대학교의 학생 찰스 배비지(Charles Babbage)는 로그표
를 들고 도서관에 앉아 있었다. 배비지에게는 로그표에 있는 오류를 해결
할 뛰어난 아이디어가 있었다.

실수를 없애기 위한 기계

첫 번째 로그표는 존 네이피어(63쪽 참조)가 만들었다. 이 로그 값들을 계산
하는 데 수년이 걸렸고, 많은 사람들이 계산을 할 때 이 표에 의지했다. 이
런 표의 문제는 최초로 계산을 한 사람이 실수하기 아주 쉽다는 점이다.
예를 들어, 3 대신 2를 쓰거나 숫자를 완전히 빼먹는 등 실수를 할 수 있
다. 인간은 실수를 한다. 표에 있는 오류는 사람들이 사용할 때 나중에 눈
치채지 못한 오류를 발생시킬 수 있다. 버스를
놓치는 것뿐만 아니라 복잡한 문제에 답을 틀
리게 계산하는 것과 같은 문제가 발생한다.

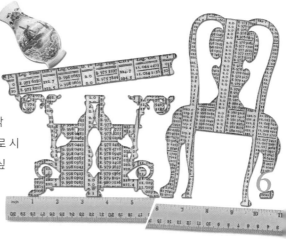

이런 표를 계산할 기계가 있다고 상상해보자.
만일 그렇다면 세상에 실수는 없을 것이다. 버
스를 놓치는 일도 없다. 일을 할 때 실수도 없다.
배비지는 정수의 제곱을 계산한다고 가정하고 시작
했다. 계산은 1×1=1, 2×2=4, 3×3=9, 4×4=16으로 시
작된다. 하지만 예를 들어, 279×279의 값을 알고 싶
다고 했을 때는 계산이 어려워진다. 제곱수 사이
의 차이를 보면 1, 3, 5, 7, 9다. 차이는 홀수의 수
열이다. 따라서 다음 제곱수를 찾기 위해서 해야
할 일은 다음에 오는 홀수를 더하는 것이다. 5^2=25에 5+6=11을 더하면
36이 된다. 그다음은 6+7=13을 더하면 49가 된다.

컴퓨터 차분 기관

배비지는 이 차이를 더하거나 뺄 수 있도록 기계를 고안했고, '차분 기관 (difference engine)'이라는 이름을 붙였다. 1822년 바퀴 6개를 이용해서 만든 간단한 모델인 차분 기관을 제작했고 성공했다! 왕립 학회에서는 이 기계에 감명을 받았고, 영국 왕립 천문학회는 배비지에게 최초로 금메달을 선사했다. 하지만 실용성이 있는 기계를 만들기 위해서 배비지는 훨씬 더 많은 자금이 필요했다. 영국의 재무 장관을 설득해 1,500파운드를 지원 받았다. 안타깝게도 배비지는 이 돈이 착수금이라고 생각했지만, 영국 정부에서는 이것이 전체 개발 예산이라고 생각했다. 그래도 그는 최소한 차분 기관 제작을 시작할 수 있었다.

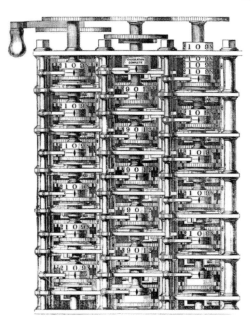

배비지는 결코 기계를 완성하지 못했다. 그가 요구했던 공학기술의 정밀성은 당시의 기술을 한참 뛰어넘었다. 엔지니어 조셉 클레멘트(Joseph Clement)와 심하게 다투었고, 다른 꿈을 좇아 해외로 계속 나갔다. 결국 영국 정부는 엄청난 금액인 17,000파운드를 지원했지만 여전히 기계를 제작하기엔 역부족이었다. 배비지는 계속해서 더 많은 돈을 요구했다.

해석 기관

상황을 더 나쁘게 만들었던 것은 1820년대 후반, 차분 기관을 제작하던 배비지는 '해석 기관'이라는 프로그래밍도 가능한 더 나은 기계를 만들 생각을 하고 있다는 사실이었다. 놀라울 것 없이 아무런 투자를 받지 못했고, 해석 기관은 완전히 배비지의 공상 속에서만 존재하는 물건이 될 뻔했다. 하지만 에이다 러브레이스(Ada Lovelace)가 도움의 손길을 내밀었다.

배비지의 해석 기관은 오늘날 프로그램이라고 부르는 구멍이 뚫린 카드 위에 있는 지시사항을 읽을 수 있었다. 러브레이스는 '저장' 혹은 메모리, '산술논리 장치' 혹은 중앙 처리 장치를 설명했고, 기계의 능력을 추측했다. 러브레이스는 해석 기관이 원래 생각한 대로 만들어지진 않을 수 있겠으나, 과학 발전을 크게 돕고, 작곡에도 사용할 수 있을 거라 생각했다.

배비지의 기계

에이다 러브레이스

1833년, 위대한 낭만파 시인 조지 고든 바이런(George Gordon Byron) 경의 딸인 러브레이스는 배비지를 만나 계산하는 기계에 대한 그의 발상에 푹 빠졌다. 1842년, 러브레이스는 배비지가 튜린에서 한 강의를 번역했고, 배비지의 제안에 따라 자신의 의견을 덧붙였다. 결국에 러브레이스가 쓴 노트는 원래 강의보다 세 배나 길어졌고, 배비지의 해석 기관이 가진 잠재력에 대해 최상의 정보를 제공했다.

더욱 중요한 것은 러브레이스가 복잡한 수학을 계산하기 위해서 기관에 어떤 지시사항이 필요한지 아주 상세하고 정확하게 설명해놓았다는 사실이다. 러브레이스는 이런 생각을 기록으로 남긴 최초의 인물이고, 따라서 세계 최초의 컴퓨터 프로그래머라고 불려도 손색이 없다.

최초의 컴퓨터 프로그램

결국 기계를 이용해 더 정확한 로그표를 만들겠다는 배비지의 계획은 실패했다. 꽤 정확한 로그표를 출판했지만 손으로 계산하고 옮긴 것이다. 자신이 생각한 어떤 기계도 만들어지지 못했다. 배비지가 예상한 방식대로 작동하는 기계가 만들어지기엔 100년이 일렀다. 배비지는 자신의 아이디어가 결실을 맺는 것을 결코 볼 수 없었지만, 러브레이스와 함께 이루어놓은 토대는 20세기와 21세기 컴퓨터를 발전시킬 길을 열었다. 오늘날 컴퓨터는 수학 연구에 없어서는 안 될 필수품이다. 컴퓨터는 더욱 정확한 결과를 제공해줄 뿐만 아니라, 배비지가 의도했듯이 수학자들이 단순 계산을 하는 데 허비했을 엄청난 시간을 절약하게 해주었다.

이런 발전은 인간이 더욱 개념적인 생각에 집중할 수 있도록 시간적 자유를 주었다. 예를 들어, 인터넷 메르센 소수 탐색(GIMPS; The Great Internet Mersenne Prime Search)은 가장 큰 소수를 탐색하는 네트워크다. 배비지와 러브레이스가 없었다면 이 소수들을 손으로 계산해서 찾아야 했을 것이다. 수학자들은 소수를 찾는 데 시간을 보내는 대신, 자유롭게 소수의 특성을 탐구하고 소수 분포의 패턴을 연구하는 데 시간을 쓸 수 있게 되었다.

1847년

관련 수학자:
조지 불

결론:
불 대수는 수학적 법칙을 따르는 논리를 창조했다.

사고의 법칙은 무엇일까?

불 대수의 발명

1847년, 영국 링컨셔 주의 무명에 가까운 학교 선생이 두 수학자 사이의 언쟁에 끼어들게 되었다. 그는 논리 계산이라고 하는 사고의 방식, 세상을 완전히 새롭게 바라보는 확장된 해결책을 발전시켰다. 논리 계산이 없었다면, 우리가 사용하는 어떤 현대 컴퓨터 기술도 발전하지 못했을 것이다.

물론 이 교사는 그저 평범한 학교 선생님이 아니었다. 이름은 조지 불(George Boole)이고, 물론 여전히 시골에서 학교 선생으로 일했지만 수학계에 자신의 자취를 남기기 시작했다. 명성을 얻고 코크 대학교에서 최초로 수학 교수 자리를 얻기 위해, 지금은 불 대수라고 알려진 논리 계산을 발전시킨 것이 그의 업적이다.

수학적 추론

불은 링컨셔에서 얻은 최초의 발상을 코크에서 발전시켰다. 그곳에서 「수학적 논리 분석(Mathematical Analysis of Logic)」이라는 논문으로 시작해서 『사고의 법칙(Laws of Thought)』(1854)으로 일컬어지는 책으로 완전히 정립된 이론을 내놓았다. 불의 위대한 점은 어떤 논리적 주장에 대해서도 보편적으로 적용시킬 수 있는 시스템을 만들기 위해 대수학을 적용시킬 방법을 찾은 것이었다.

지난 반세기 동안 수학적 논리라는 생각이 점진적으로 발전되었지만, 거기에 날개를 단 것은 불이다. 체계적 논리에 대한 사고는 이미 수천 년 전부터 발전되었다. 가장 잘 알려진 예를 아리스토텔레스가 남긴 책에서 확인할 수 있다. 아리스토텔레스의 논증 중 유명한 것은 삼단논법이다. 삼단논법에서는 대전제와 소전제라는 두 가정 혹은 '전제'가 결론을 이끈다. 예를 들어, 여러분은 삼단논법으로 이렇게 이야기할 수 있다. 모든 새는 알을 낳는다(대전제). 암탉은 새다(소전제). 따라서 암탉은 알을 낳는다(결론).

새로운 논리

불은 수학도 이와 같은 논리를 갖는다고 이해했다. 불의 발상은 철학적 논리를 재구성해 동일한 방식으로 수학적으로 간단하고 정확하게 표현할 방법을 찾는 것이다. 그 목적은 수학이 방대한 영역의 수리 문제에 사용되듯이 보편적으로 적용될 수 있는 모든 것을 아우르는 사고체계를 창조하는 것이다.

불이 사용한 방법은 더하기와 빼기 같은 수학 연산자를 같은 역할을 하면서도 어떤 논증이나 추론에도 사용할 수 있는 간단한 단어로 대체하는 것이다. 불은 논리적 전제가 X나 Y같이 단순한 대수의 기호처럼 취급될 수 있으며, 모든 것을 AND, OR, NOT이라는 단 3개의 함수로 간략화할 수 있다는 사실을 깨달았다.

예를 들어, X와 Y는 집합이다. 두 집합에 공통점이 있다고 하면, 이것은 X AND Y로 표현할 수 있다. 이 표현법은 X×Y라는 산술적 표현과 비슷하다. 만일 X와 Y 사이에 공통점이 없다면, 이것은 X OR Y가 되고 산술적 표현을 사용하면 X+Y와 유사하다.

만약 X가 초록색 물체 전체를 가리키고 Y는 둥근 모양의 물체 전체를 가리키면, 둘의 합은 X×Y 혹은 XY로 쓸 수 있다. 여기에서 XY는 초록색인 동시에 둥근 물체 전체를 의미한다. 대상이 초록색이고 둥글기 때문에 이 물체들은 둥글고 초록색이기도 하다. 따라서 여러분은 XY=YX라고 말할 수 있다. 모든 X가 Y이면, 조합 법칙에 따라서 XY=X, XX=X, 혹은 X^2=X 라고 쓸 수 있다. 마지막 식은 산술적으로는 성립하지 않지만 불의 논리에서는 아무 문제가 없다.

비슷하게 집합이 남자(X)와 여자(Y)같이 상호 배타적이라면, X+Y라고 쓸 것이다. 물론 X+Y=Y+X라고 말할 수 있다.

만일 프랑스(Z)와 같이 새로운 분류를 추가한다면, Z(X+Y)=ZX+ZY라고 할 수 있다. 다시 말해서 모든 프랑스 남자와 여자는, 모든 프랑스 남자와 모든 프랑스 여자와 동일하다. 만일 Z(프랑스)가 모든 프랑스 여자(Y)를 포함하면, 여성이 아닌 프랑스인을 Z NOT Y 혹은 Z-Y로 쓸 수 있다.

불의 게임

놀라운 점은 수학과 언어가 이렇게 단순하게 연결되고, 이 관계가 시시할 정도로 분명하다는 점이다. 그럼에도 불이 등장하기 전까지 그 누구도 이 관계에 실제로 관심을 갖지 않았다. 불이 가진 통찰력은 놀라웠고, 진정한 천재였다. 물론 생전에도 천재라고 인정을 받았지만, 불의 통찰력이 진정으로 드러나게 된 것은 몇 십 년이 지난 이후였다. 불은 아일랜드에서 조용히 살며 수학에 크게 기여했지만, 다른 어떤 연구도 불 논리처럼 중요하지는 않았다. 그가 했던 것은 단순히 모든 개념을 단순한 산술형태로 바꾸는 체계를 만든 것이 아니라, 그것을 평가하는 방법이다.

불이 사망한 뒤, 거의 70년 동안 그의 발상은 빛을 보지 못했다. 1930대 벨 연구소에서 일하던 젊은 전자 공학자 클로드 섀넌(Claude Shannon)이 장거리 전화의 잡음 문제를 해결하기 위해 중요한 정보만을 담을 수 있도록 신호를 단순화하는 방법을 찾았다. 섀넌이 불의 논리학을 재발견했을 때, 불의 이론이 정보에 대해 핵심적인 견해를 시사하고 있다는 사실을 깨달았다. 불의 단순한 논리에 영감을 받은 섀넌은 모든 정보를 이진수인 0과 1로 표현할 수 있다는 사실을 깨달았다. 컴퓨터 시대를 탄생시킨 천재적인 신호였다.

통계가 생명을 구할 수 있을까?

통계 분석과 의료 개혁

영국에서 여성들이 대학에 입학할 수 없던 시절, 플로렌스 나이팅게일 (Florence Nightingale)은 진보적인 가정에서 태어나 대학 수준까지 온전히 교육을 받을 수 있었다. 나이팅게일은 질서와 데이터에 대한 열정을 가지고 태어났다. 9세 때 정원에서 기르던 채소의 생산량을 정확하게 기록으로 남겼다. 젊은 시절에는 찰스 배비지(109쪽 참조)처럼 뛰어난 지성인들을 만났고 통계학이라는 새로운 학문을 접했다.

빅토리아 시대, 새로운 인쇄와 통신 기술이 등장하며 '빅 데이터'를 수집하고 연구할 수 있게 되었다. 새로운 데이터를 수집하는 일이 용이해졌기 때문에 수집된 데이터를 완전히 이해하고, 그 안에 있는 패턴을 파악하기 위해서 수학적 발전이 뒤따라야 했다.

사회적 문제를 조사하기 위해 데이터를 사용한다는 선구적인 발상이 나이팅게일의 이목을 끌었듯, 막대그래프와 원그래프처럼 새로운 방식으로 데이터를 표현하는 방법이 나이팅게일의 관심을 끌었다. 나이팅게일은 얼마나 많은 증거가 있어야 정책을 바꿀 수 있을지 고민했고, 특히 공중보건 문제에 관심이 있었다. 나이팅게일은 간호사로서 일해야 한다는 인도주의적인 소명의식을 느꼈다. 그 당시 간호사는 상류층 여성이 갖는 직업이 아니었지만, 이것을 자신의 생각을 시험해볼 완벽한 조건이라 생각했다. 나이팅게일은 1853년 할리가에 있는 여성 병원에서 무급 관리자로 일할 수 있게 되었다. 그해 3월 크림 전쟁이 일어났다.

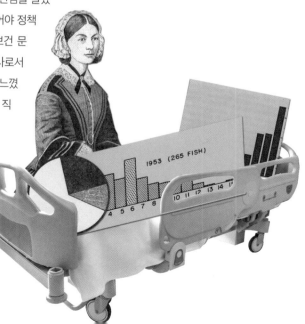

위생 개혁

전쟁 중 사망 원인의 대다수는 질병이었다. 질병으로 사망한 인원이 아마도 부상으로 죽은 인원보다 10배는 더 많을 것이다. 그리고 이 질병 중 대다수는 예방할 수 있는 것이었다. 오늘날에는 균형 잡힌 식단과 소독과 공중위생으로 생명을 구할 수 있다는 것이 상식이지만, 그 당시 병원과 군대의 환경에서는 결코 당연한 일이 아니었다.

1854년 11월, 나이팅게일은 콘스탄티노플에 있는 스쿠타리의 군병원에 도착했다. 상황은 끔찍했다. 첫 해 겨울에만 4000명이 넘는 환자가 죽었다. 나중에 나이팅게일이 썼듯이 '군인들은 막사에서 죽기를 기다리고 있었다'. 나이팅게일은 병원의 끔찍한 위생 상태보다 더 끔찍한 이 사태의 근본 원인을 발견했다. 군대는 체계가 없고 무질서했다. 지저분한 환경과 영양 부족에 더해 치료 계획도 없고 아픈 병사들은 살 가망이 없었다.

나이팅게일은 즉시 체계적으로 데이터를 수집하기 시작했다. 표준화된 의료 기록과 질병을 일관되게 분류하고, 식단을 정확하게 기록하고, 운이 좋은 환자들이 회복하는 데 걸린 시간을 정리했다. 이런 확실한 데이터를 바탕으로 해결책을 찾아냈다. 바로 병원의 '위생 개혁'과 엄격한 간호 인력 교육이다. 나이팅게일이 머무는 동안 사망률은 60%에서 2%로 떨어졌고, 영국으로 돌아간 나이팅게일은 영웅이 되어 '등불을 든 여인'이라는 찬사를 받았다. 하지만 나이팅게일은 데이터를 수집한 여인이기도 했다.

설득력 있는 장미 도표

지금처럼 그때 당시에도 데이터를 이해하기는 어려웠다. 확실한 자료를 모으는 것 외에도 나이팅게일의 또 다른 위대한 업적은 정치인들이 행동을 취하게끔 설득할 수 있게 데이터를 강렬하게 도표로 표현하는 방법을 발명한 것이다. 나이팅게일이 원했던 개혁은 결코 저렴한 비용으로 해결될 것이 아니었다. 나이팅게일은 고전적인 원그래프를 사용했고, '멋쟁이(coxcomb, 장미 도표라고도 한다-역주)'라고 부른 원그래프의 한 종류인 극좌표 도표를 개발했다.

이 도표는 많은 양의 정보를 전달할 수 있다. 각 구획의 면적은 한 달 사망률을 가리키고, 전체 도표의 크기는 한 해의 전체적인 정보를 전달해, 위생 개혁의 효과를 즉각 확인할 수 있다. 색깔이 칠해진 영역은 사망 원인을

동부 전선의 사망 원인 도표

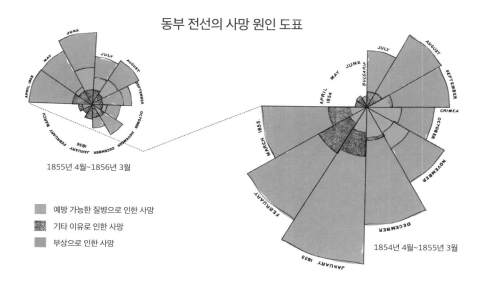

1855년 4월~1856년 3월

■ 예방 가능한 질병으로 인한 사망
▨ 기타 이유로 인한 사망
■ 부상으로 인한 사망

1854년 4월~1855년 3월

나이팅게일의
장미 도표

보여준다. 파란색은 (도표의 중심부터 측정해서) 예방 가능한 질병으로 인한 사망률을 나타내고, 더 작은 검은색 영역(기타 이유), 빨강색 영역(부상으로 인한 사망)과 겹쳐진다. 그래프를 보면 부상으로 인해 사망할 확률이 가장 낮음을 분명히 알 수 있다. 색깔로 구분이 된 시각적 자료는 표에 있는 숫자를 비교하는 것보다 훨씬 시선을 사로잡고 정보 전달력이 높았다. 이로써 대규모의 의료 개혁을 이끌어냈다.

오늘날 의료 통계학자들이 이 데이터를 비판할 수 있다. 우선 데이터는 의료 개혁을 위해 공개된 임상 자료다. 날씨가 더 좋거나 모기가 더 적거나 등 다른 이유로 사망률이 떨어지지 않았다는 것을 어떻게 알 수 있을까? 두 번째로 당시의 기준으로 통계 수치가 얼마나 나빴던 것일까? 나이팅게일은 영국에서 비슷한 평균 사망률을 나타내는 원을 추가해 이 문제를 다루었다. 빅토리아 시대의 병원은 확실히 위험했고, 군병원은 그중에서도 최악이었다. 이렇게 질문할 수 있다. 생존율이 순전히 우연히 높아졌을 수도 있지 않을까? 통계학적으로 유의한가 그렇지 않은가? 오늘날엔 분명하지만 그 당시에는 증명하는 것이 불가능했다. 영국의 왕립 통계학회에 선출된 최초의 여성으로서 나이팅게일은, 통계학의 진보를 적극 지지해 통계학을 신뢰할 수 있을 정도로 발전시키는 데 기여했다.

관련 수학자:
아우구스트 뫼비우스와
요한 베네딕트 리스팅

결론:
단순해 보이는 뫼비우스의 띠
가 기하학적 형태를 다루는
수학의 혁명을 가져왔다.

면과 모서리는 몇 개일까?

위상수학의 탄생

뫼비우스의 띠는 가장 흥미로운 도형 중 하나다. 종이를 잘라 띠를 만든 다음 띠의 한쪽 끝을 꼬아서 붙이면 아주 쉽게 뫼비우스의 띠를 만들 수 있다. 이보다 단순할 수 없는 형태이지만, 뫼비우스의 띠는 도형과 표면이 구부러지고 꼬이고 구겨질 때의 특성을 연구하는 위상수학이라는 수학의 한 분야가 탄생하는 데 기여한 수수께끼의 중심에 있다.

뫼비우스의 띠

뫼비우스의 띠가 수학적으로 매력적인 이유는 면과 모서리가 단 하나씩밖에 없기 때문이다. 뫼비우스의 띠는 손목밴드와 비슷해 보인다. 실제로 뫼비우스의 띠에 손을 집어넣고 평범하게 착용할 수 있다. 하지만 손목밴드에는 면과 모서리가 둘씩 있다. 뫼비우스의 띠의 꼬임이 모든 것을 바꾸어놓았다. 경계면을 따라 손가락을 움직여보면, 두 바퀴를 돌아 원래 있던 지점으로 돌아온다. 즉, 경계가 하나라는 의미. 불가능한 도형을 주제로 작품 활동을 한 유명한 예술가 모리츠 코르넬리스 에셔(Maurits Cornelis Escher)는 뫼비우스의 띠 위로 끝없이 기어가는 개미들을 작품으로 그렸다.

뫼비우스의 띠는 무한성을 보여주는 전형적인 예처럼 보였고, 수학자들은 클라인의 병처럼 '무한한' 도형을 탐색했다. 어떤 사람들에게 뫼비우스의 띠는 미스터리의 상징이다. 미국의 작가 조이스 캐럴 오츠(Joyce Carol Oates)는 '우리의 삶은 뫼비우스의 띠다. … 고통과 환희가 서로 얽혀 있다. 우리의 운명은 무한하고, 무한히 되풀이된다.'

종이로 만든 뫼비우스의 띠를 가위로 자르면 흥미로운 사실을 관찰할 수 있다. 중심선을 따라 자르면 놀랍게도 고리 두 개가 아니라 꼬인 부분이 두 군데 있는 더 큰 고리가 된다. 반대로 뫼비우스의 띠를 한쪽 경계면에서 1/3이 되는 지점을 선 따라 자르면, 고리를 2개 얻는다. 하나는 기존의 뫼비우스의 띠와 크기가 같은 뫼비우스의 띠이고, 다른 하나는 크기가 두 배인 뫼비우스의 띠다. 물론 두 고리는 서로 맞물려 있다.

뫼비우스의 띠에는 파티용 장난감 이상의 의미가 있다. 뫼비우스의 띠는 1850년대 독일의 수학자 요한 베네딕트 리스팅(Johann Benedict Listing)과 아우구스트 뫼비우스(August Möbius) 두 사람이 독립적으로 만들었다. 뫼비우스의 띠의 등장은 위상수학의 시작을 알렸고, 리스팅과 뫼비우스가 비슷한 시기에 같은 생각을 떠올린 것은 우연이 아니다. 두 수학자는 모두 위대한 독일의 수학자 칼 프리드리히 가우스의 제자다. 심지어는 가우스가 이 띠를 만들고 제자들에게 알려주었을 가능성도 있다.

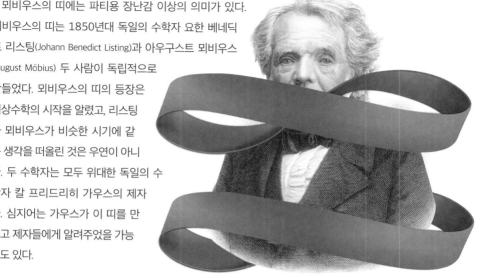

위상수학의 탄생

그때까지 틀에서 벗어난 도형은 측정 가능한 기하학의 관점에서 금기에 가깝게 여겨졌다. 1735년, 레온하르트 오일러가 쾨니히스베르크 다리 문제는 다리와 섬의 상대적 연결 지점에 따라 결정된다는 해답을 내놓았다. 이것이 최초의 위상수학적인 발견이다. 하지만 쾨니히스베르크 다리 문제는 거대한 학문이 탄생한다는 신호탄이 아니라 흥미로운 문제로만 남아 있었다. 가우스는 천재성을 발휘해 위상수학의 기반이 되는 다양한 연구를 했지만, 조롱을 받을 것이 두려워서 철저히 숨겼다.

따라서 뫼비우스의 띠는 난데없는 발견이 아니라 가우스의 두 제자가 위상수학적 형태에 대해서 연구를 거듭한 끝에 나온 결과다. 실제로 리스팅은 장소를 뜻하는 그리스어 토포스(topos)에서 위상수학(topology)이라는 용어를 만들어냈다. 뫼비우스의 띠는 '면과 모서리가 하나인 3차원 도형을 만들 수 있을까?'라는 질문에 대답을 제시했다.

그 당시 뫼비우스는 다면체를 연구하고 있었다. 오일러는 골드바흐에게 1750년 쓴 편지에서 다면체에 대해 언급했고, v-e+f=2라는 일반식을 제

시했다. 이 방정식에서 v는 다면체의 꼭짓점의 개수, e는 모서리의 개수, f는 면의 개수를 각각 가리킨다. 1813년 그리 유명하지 않은 스위스의 수학자 시몬 앙투안 장 륄리에(Simon Antoine Jean L'Huilier)는 구멍이 있는 입체에 대해서는 오일러의 공식이 성립하지 않는다는 사실을 깨달았고 구멍의 개수 g를 추가해 v-e+f=2-2g라는 새로운 방정식을 만들었다.

구멍이 있는 입체가 바로 뫼비우스가 생각했던 문제다. 우리는 도형에 구멍이 있을 때 발생하는 문제로 되돌아가 볼 것이다.

입체에 있는 구멍

뫼비우스의 띠가 발견된 이후로 위상수학자들은 뫼비우스의 띠가 어떻게 더 넓은 범위의 형태에 대한 이해에 부합하는지 연구했다. 한 가지 핵심 요소는 구멍의 개수였다. 예를 들면, 구멍의 개수를 통해서 위상수학자들은 서로 다른 종수(genus, 구멍-역주)를 구별할 수 있었다. 사탕처럼 구멍이 없는 도형은 종수가 0이다. 손잡이가 있는 커피 잔과 도넛은 모두 종수가 1이다. 두 대상 모두 구멍이 하나 있기 때문에, 컵을 늘리고 구부리는 것만으로 도넛 모양으로 만들 수 있다. 이론적으로 하면 이렇게 되고, 여러분의 상상을 돕기 위해 지점토로 모양을 만든다고 생각해보자.

하지만 뫼비우스의 띠와 손목밴드는 모두 구멍이 하나뿐이다. 따라서 종수로는 도형을 구분하기 충분하지 않다. 두 도형을 구별 짓는 것은 뫼비우스의 띠는 '비가향적'인 반면에 손목밴드는 '가향적'이라는 것이다. 개미가 가향적인 표면 위를 기어가면 항상 같은 면 위에 있을 것이다. 하지만 비가향적인 표면 위에서는, 에셔가 그린 뫼비우스의 띠 위의 개미처럼 반대 방향으로 회전해서 마치 거울에 비친 상처럼 반대로 서 있을 것이다.

뫼비우스의 띠의 발견과 이어지는 위상수학의 폭발적인 발전은 자연을 탐구하는 새로운 길을 열었다. 예를 들어, 매듭 이론이라고 하는 위상수학의 하위 분야는 생명체의 DNA 고리가 어떻게 풀리는지 이해하는 데 중요한 역할을 했다. 또한 물질의 근본적인 특성을 탐험하며 초끈 이론을 탄생시키기도 했다. 마지막으로 위상수학은 새로운 수학적 발견을 이끌었다. 2018년 호주의 수학자 악사이 벤카테슈(Akshay Venkatesh)는 위상수학을 정수론 같은 다른 수학의 분야와 통합해 필즈 메달을 받았다.

1881년

관련 수학자:
존 벤

결론:
벤 다이어그램은 단순한 그래프가 아니다.

어떤 원에 속할까?

벤 다이어그램

그 어떤 수학적 아이디어도 1881년 존 벤이 창조한 벤 다이어그램처럼 대중적으로 널리 알려지지 않았다. 벤 다이어그램은 도표를 이용해 데이트하기 좋은 상태의 조건이든 아니면 원자의 종류든 대상이 무엇이건 간에 그룹으로 나누고 각 그룹 간에 겹치는 지점을 보여주는 놀라울 정도로 유용한 방법으로 자리 잡았다. 겸손한 영국의 수학자이자 벤 다이어그램을 창조한 논리학 교수 존 벤(John Venn)은 '명제와 논리의 도식적·역학적 표현에 관해(On the Diagrammatic and Mechanical Representation of Propositions and Reasonings)'라는 모호한 제목으로 자신이 만든 다이어그램을 무미건조하게 세상에 내놓았다. 아마 그가 훗날 자신이 만든 다이어그램이 얼마나 유명해질지 알았다면 깜짝 놀랄 것이다.

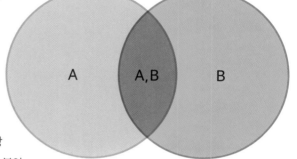

　오늘날 벤 다이어그램은 수학뿐만 아니라 다양한 분야에서 사용된다. 하지만 벤의 발상은 당시 최첨단 수학적 사고력을 바탕으로 한 단순한 수학적 도구였다. 당시에는 불이 'AND, OR, NOT'이라는 논리 연결자와 불 대수학(112쪽 참조)을 소개하면서 기호 논리학이 성행하고 있었다. 또한 1870년대 중반 게오르크 칸토어(Georg Cantor)와 리하르트 데데킨트(Richard Dedekind)가 획기적인 발견을 세상에 내놓은 이후로 집합론 연구도 굉장히 활발했다.

논리 체계

벤은 자신의 다이어그램으로 수학적 논리 체계를 보여줄 생각이었다. 벤 다이어그램은 동물의 종처럼 공통점이 있는 대상의 집합을 다룬다. 각 집

합은 각각의 원이 되고 원들은 겹쳐 있다(원은 심지어 타원형으로 대충 그려도 된다). '원소'라고 하는 각 집합의 개체들은 원 안에 배열되고 여러 집합에 공통적으로 속하는 개체는 원이 겹쳐 있는 영역에 놓인다. 예를 들어, 한 원은 물고기처럼 수영을 하는 동물이 될 수 있다. 다른 원은 걸어다니는 동물이 될 수 있다. 수영도 하고 걷기도 하는 수달 같은 동물은 두 원이 겹쳐 있는 영역에 있다.

하지만 이것은 단순히 보기 좋은 시각적 자료가 아니다. 원들은 형식 논리의 단계를 나타낸다. 원이 2개인 벤 다이어그램은 '모든 A는 B다', '어떤 A도 B가 아니다', '어떤 A는 B다', '어떤 A는 B가 아니다'와 같은 정언 명제를 가리킨다. 반면, 원이 3개인 벤 다이어그램은 형식 명제 둘과 형식 결론이 하나 있는 삼단논법을 가리킨다. 예를 들어, 모든 뱀은 파충류다. 모든 파충류는 냉혈동물이다. 따라서 모든 뱀은 냉혈동물이다.

벤이 의도한 것은 이 다이어그램이 분류만을 위한 보기 좋은 도구가 아니라, 논리적 증명을 하기 위한 체계 역할을 하는 것이다. 여기서 핵심은 집합의 이름을 정하는 것인데, 보통은 대문자 X, Y, Z 등의 기호가 사용되고 각 집합의 원소들은 x_1, x_2, x_3 등과 같이 소문자로 표시된다. 집합과 원소가 적당한 기호로 잘 표시가 되었다면, 겹쳐진 교집합이 증명이 된다.

원의 역사

벤의 발상이 특별히 독창적인 것은 아니었다. 카탈루냐의 수도승 라몬 유이(Ramon Llull)는 논리적 관계를 나타내는 다양한 도형을 1200년대에 묘사했고 고트프리트 라이프니츠(Gottfried Leibniz)는 개체를 분류하기 위해 1600년대에 원을 사용했다.

이후 1760년, 스위스의 수학자 레온하르트 오일러는 원이 어떻게 대상들 간의 논리적 관계를 나타낼 수 있는지 기록했다. 벤은 자신의 연구 결과의 공이 오일러에게 있다고 논문에 밝혔고 '오일러의 원(다이어그램)'이라고 언급했다. 또한 논리적 관계를 나타내는 데 사용했던 원들에 대해서도 알렸다. 하지만 벤이 실제로 했던 것은 조금 달랐다. 오일러 다이어그램은 단지 집합 간의 연관 관계만을 보였다. 하지만 벤 다이어그램은 모든 관계를 보인다.

예를 들어, 맥주, 저알콜 음료, 글루텐 무첨가 음료를 나타내는 다이어그램이 있다고 해보자. 벤 다이어그램에서 이 세 종류의 음료는 겹쳐 있는 원 3개로 표현이 되고, 이 세 집합의 다른 조합을 보여줄 것이다. 벤 다이어그램의 중앙에는 세 집합의 조건에 모두 부합하는 저알콜 글루텐 무첨가 맥주가 있다. 이런 음료가 존재하지 않는다고 할지라도, 벤 다이어그램은 세 조건을 조합할 가능성을 보여준다. 오일러 다이어그램은 원 안에 있는 원만 표시한다. 따라서 예를 들면, 저알콜 음료가 전부 맥주였을 때 저알콜 음료의 원은 맥주의 원 안에 있다. 따라서 오일러 다이어그램은 가능한 모든 관계를 보여주지 못한다.

오늘날의 벤 다이어그램

벤 다이어그램은 수학과 논리학 분야에서 진정으로 강력한 도구라는 사실이 드러났다. 벤 다이어그램은 집합론에 필수적이며 확률론에서도 유용하게 사용이 된다. 수학은 논리적 관계에 대한 학문이다. 비록 단순해 보일지라도 벤 다이어그램은 근본적으로 수의 집합 사이의 관계를 보여줄 수 있다. 예를 들어, 지난 반세기에 걸쳐 벤 다이어그램은 소수에 대한 이해를 도왔다. 벤 다이어그램은 그레이 코드(Gray Codes, 벨 회사에서 일하던 엔지니어 프랭크 그레이(Frank Gray)가 1947년에 개발한 이진 표시), 이항 계수, 회전 대칭, 회전문 알고리즘 등 아주 다양한 분야에 사용되었다.

평면 벤 다이어그램은 2개 내지 3개의 집합을 다루는데, 수학자들은 평면 벤 다이어그램을 3차원 이상으로 확장하고 집합을 추가했다. 테서랙트(tesseract, 4차원 정육면체)를 이용해서 수학자들은 집합 16개가 대칭적으로 교차하는 벤 다이어그램을 만들 수 있었다. 만약 대칭성을 포기하면 집합을 더 추가할 수 있다. 벤 역시 튜브와 타원, 원을 사용해 집합 6개를 포함하는 독창적인 벤 다이어그램을 만들었다.

게다가 벤 다이어그램은 수학 외의 분야에서도 유용하게 사용되었다. 학교에서 선생님이 다양한 견해의 집합을 비교하고 대조하기 위한 교수법으로 학교에서 널리 사용된다. 실제로 광고에서부터 군사 작전까지 모든 분야에서 사용이 된다. 벤 다이어그램은 지금까지 만들어진 것 중에서 사고를 조직하는 가장 단순하지만 가장 강력한 도구가 되었다.

왜 어떤 시스템은 카오스일까?

우연에 숨어 있는 수학

이 순간은 천재적인 프랑스 수학자 앙리 푸앵카레(Henri Poincaré)의 경력에 가장 중요한 순간이어야 했다. 푸앵카레는 놀랍고 독창적인 방법으로 삼체문제를 풀어 이제 막 스웨덴의 왕 오스카 2세가 수여하는 상을 받았다. 그는 이 업적으로 프랑스 최고의 영예 훈장인 레종 도뇌르 훈장을 받았고, 프랑스 과학 아카데미 회원으로 선출되었다.

상을 받은 연구 논문을 출판하려는 바로 그 순간인 1899년 6월, 젊은 편집자인 라스 프래그멘(Lars Phragmén)이 논문에 중대한 오류가 있음을 알렸다. 푸앵카레에게는 공포였지만 프래그멘이 옳았다. 인쇄된 논문을 회수하고 다시 인쇄해야 했다. 그 비용은 그가 스웨덴의 왕에게 받은 상금 2500보다 훨씬 많았다. 더욱 나빴던 것은 모두가 지켜보는 가운데 오류가 발견되어 너무나도 수치스러웠다는 점이었다. 하지만 푸앵카레는 이 재앙을 혁명적인 식견으로 바꾸어놓았다. 우선 자신의 실수를 인정하고 어디에서 잘못되었는지 찾기 시작했다. 수년이 걸렸지만 부지런히 노력한 끝에 카오스 이론이라고 하는 전혀 새로운 수학의 한 분야를 창시할 발견을 했다. 하지만 그 당시에 이 이론은 막다른 길처럼 보였다.

삼체문제

1885년, 푸앵카레는 삼체문제를 연구하기 시작했고 스웨덴의 왕이 수여하는 상을 받았다. 삼체문제는 오래된 문제다. 여러분이라면 어떻게 증명하거나 반례를 들어 만유인력이 작용하는 가운데 세 행성의 궤도가 안정적인지 보일 수 있을까? 이미 행성이 둘 있을 때의 상황에 대해서는 오래전에 증명되었다. 하지만 삼체문제의 경우에는 변수가 너무 많아서 수많은 위대한 수학자들이 이 문제에 패배했다(92쪽 참조).

따라서 푸앵카레는 새로운 접근법을 시도하기로 결정했다. 각 질량점의 움직임을 삼각급수를 이용해 추적하는 대신에, 그는 자신이 연구에 참여했던 위상수학의 새로운 기법을 이용해서 전체 시스템의 운동 상태를 분석하기로 했다. 이 방법에는 곡선과 곡면, 다양체(manifold, 곡면을 고차원에서 표현한 것)를 연구하는 미분기하학을 포함했다. 미분기하학은 '곡면 위 두 점을 잇는 가장 짧은 경로는 무엇일까?'와 같은 질문에 대한 대답을 찾는다. 푸앵카레는 시스템의 모든 가능한 상태를 동시에 표현하는 다차원의 공간인 '위상 공간(phase space)'에서, 다른 관점으로 궤도를 계산하기 위해 미분기하학을 사용했다. 이것은 훌륭했고, 최첨단 수학이었다.

이 방법을 사용해 푸앵카레는 큰 진전을 볼 수 있었다. 하지만 삼체문제는 여전히 어려웠고, 새로 사용한 방법의 장점을 보여주는 실질적 결과를 얻기 위해서, 제한 조건을 두고 삼체문제를 푸는 데 집중했다. 그는 세 번째 개체의 질량이 너무 작아서 다른 두 개체에 중력이 미치지 않는다는 조건을 추가했다. 문제의 범위를 좁혀서 마침내 삼체문제에서 안정적인 궤도가 성립할 수 있음을 보였다. 증명에는 맞닿은 '점근면(asymptotic surfaces)' 2개가 포함되어 있었다. 점근면이란 양의 곡률과 음의 곡률 사이의 경계를 말한다. 궤도의 안정성은 두 점근면이 만난다는 것을 보임으로써 증명되었다.

영광과 상처

심사위원단은 완전하지는 않았지만 푸앵카레의 증명에 사용된 방법의 독창성과 성공에 깊이 감명을 받았고, 망설임 없이 푸앵카레를 수상자로 선정했다. 그리고 일순간 모든 것이 날아갔다. 푸앵카레는 두 점근면이 한 점에서 만나 단일 평면을 만든다고 가정했다. 하지만 다시 살펴보았을 때, 두 점근면은 여러 번 교차할 수 있었다. 작은 오류였지만 이 오류가 몇 번이나 반복되었고, 결국 그 증명이 실패했다는 것을 뜻했다.

푸앵카레는 씁쓸하게 자신이 한 계산을 되짚어 보았고, 18개월 후 수정본을 출판할 수 있었다. 연구 과정에서 푸앵카레는 자신이 어디에서 실수를 했는지 발견했다. 초기 조건의 아주 작은 변화로 인해 궤도가 크게 바뀔 수 있다는 사실을 깨달았다. 푸앵카레는 모든 것이 운동 법칙에 따라 움직인다는 우주에 대한 뉴턴의 관점과 같은 결정론적 시스템에서는 변화가 엄청난 역할을 할 수 있다는 사실을 빠르게 깨달았다.

우주의 운동 법칙은 모든 움직임을 설명한다. 이 말은 정확하게 계산할 수 있다면, 미래에 어떻게 움직일지 완전히 예측할 수 있다는 의미를 내포한다. 하지만 푸앵카레는 '우리의 시야를 벗어난 아주 작은 원인이 결코 간과할 수 없는 중대한 영향을 준다. 그러니 우리는 이 영향이 우연 때문이라고 말한다'라고 썼다. 다시 말해 너무 작고 사소해서 우연이라고밖에 할 수 없는 작은 움직임의 차이가 결과에 엄청난 영향을 줄 수 있다는 말이다. 그래서 그는 이렇게 기록했다.

초기 조건의 작은 차이가 마지막에 엄청난 차이를 야기하는 일이 일어날 수 있다. 이전에 있던 작은 오류가 이후에 엄청나게 큰 오류를 만들 수 있다. 예측은 불가능하다.

변화의 이론

이 부분이 바로 푸앵카레가 삼체문제를 해결할 때 실수한 부분이다. 하지만 이것은 자신이 한 실수를 밝히려는 노력보다 훨씬 중요한 것을 의미했다. 푸앵카레는 이것이 중요한 발견이라는 사실을 확신했다. 1899년 이것에 관련된 논문을 썼고, 1907년 『우연(chance)』이라는 유명한 책을 냈다. 『우연』에서 우연이라는 작은 요소가 어떻게 어떤 시스템을 예측 불가능하게 만드는지 설명하기 위해 카오스(chaos)라는 용어를 사용했다. 남성과 여성의 생식 세포가 만나는 100만분의 1 차이가 나폴레옹이 태어나거나 바보가 태어나는 차이를 가르고, 역사를 바꿀 수도 있다고 설명했다.

푸앵카레는 우연이 결정론적인 시스템과 양립할 수 없다는 것은 아니라는 점을 지적했다. 날씨를 간단하게 불안정한 대기로 인해 생기는 우연의 결과로 보았다. '사람들은 비가 오길 기도한다. 하지만 동시에 일식이 일어나길 기도하는 것은 멍청한 일이라고 여긴다'라고 말했다. 푸앵카레는 날씨 또한 일식처럼 확실하게 결정이 된다고 주장했다. 단지 날씨에서는 우연의 작용이 중요한 변화를 일으키는데다가 우리가 날씨를 예측할 만큼 충분한 정보를 가지고 있지 않다. 이런 시스템은 혼란스러워 보이지만 평범한 우주의 법칙은 여전히 완전히 질서 있게 작동한다.

푸앵카레의 발견은 아주 중요했지만 푸앵카레 자신을 포함해 대부분의 사람들은 흥미롭고 신기하게만 생각했다. 하지만 나비효과와 카오스 이론(159쪽 참조)의 발견과 함께 반세기가 지나 모든 것이 바뀌었다.

CHAPTER 6: 인간의 사고와 우주:
1900 ~ 1949년

20세기 초반이 되면서 응용 수학과 순수 수학은 더욱 뚜렷하게 갈라졌다. 섀넌이 발명한 이진법 형태의 디지털 신호와 같은 실용적인 수학과, 라마누잔의 파이와 소수에 대한 발상처럼 우주의 진리를 추구하는 것으로 보이는 순수 수학을 같은 선상에 놓는 것은 점점 어려워졌다. 의심할 여지 없이 둘 다 '수학'이지만 수학의 상반된 측면이다.

순수 수학과 응용 수학의 차이가 더욱 뚜렷해지면서 몇몇 미국의 수학자들이 응용 수학 분야에서 가장 영향력 있고 인상적인 도약을 했고, 세계가 갈등에 빠졌을 때. 폰 노이만이 창시하고 존 내시가 개선한 게임 이론은, 처음 세상에 나온 이후 수십 년 동안 경제 이론의 토대로 남아 있다. 그러는 사이 섀넌과 바이너는 20세기를 정의한 기술의 수학적 기초를 마련하기 위해 현실 세계의 문제에서 영감을 받았다.

관련 수학자:
에밀 보렐

결론:
시간이 충분하면 가능성이 아주 희박한 사건도 발생한다.

원숭이가 많으면 셰익스피어의 희곡을 쓸 수 있을까?

무한 원숭이 정리

'확률', 1854년 아일랜드 수학자 조지 불은 '확률은 부분적 지식을 바탕으로 한 기댓값이다. 사건이 일어나는 데 영향을 미치는 모든 상황을 완벽하게 알면 기댓값을 확실한 정답으로 바꿀 수 있다'라고 말했다.

그렇다면 우리가 일어날 가능성이 있는 사건이 일어날지 확실히 알 수 없다면, 우리는 일어날 가능성이 희박한 사건이 일어나지 않을 가능성에 대해선 확신할 수 있을까? 그리고 언제 가능성이 희박한 사건이 불가능한 사건으로 바뀔까? 이런 질문에 약 한 세기 전 프랑스의 수학자 에밀 보렐 (Emile Borel)이 흥미를 느꼈다. 불가능하다는 것과 가능성이 희박하다는 것은 우리가 사용하는 언어로 구분이 된다. '번개는 같은 곳에 절대 두 번 치지 않는다.' '세상에 절대 일어나지 않을 줄 알았는데!' 하지만 만약에 그런 일이 일어날 수도 있다.

우연의 역사

고대 그리스와 로마 시대로 돌아가 보자. 당시 많은 사상가들은 전적으로 우연히 원자들이 결합해 세상이 형성되었을 수 있다는 가능성에 대해 탐구했다. 그리스 철학자 아리스토텔레스는 그럴 가능성이 매우 희박하지만 절대 일어나지 않을 일은 아니라고 생각했다. 로마의 학자 키케로는 그럴 가능성은 전무하니 절대 그렇지 않다고 확신할 수 있다고 생각했다. 오늘날 우리는 두 사람 모두 옳다는 것을 안다. 그렇다. 셀 수 없이 많은 원자가 결합했지만 완전히 우연은 아니다. 중력이 원자를 끌어당기고 있다. 하지만 수학자들은 확실한 것을 좋아한다. 불확정성의 문제에 대해서는 수 세기에 걸쳐서 많은 이들이 불가능성을 입증하기 위해 노력했다. 예를 들어, 어머니에게 절대 철학자가 될 수 없다는 소리를 들은

18세기 프랑스의 철학자 장 달랑베르(Jean d'Alembert)가 있다. 달랑베르는 사건이 발생할 확률과 그렇지 않을 확률이 정확히 동일한 경우가 연속적으로 발생할 때 그것을 측정할 수 있는지를 고민했다. 예를 들면, 동전을 던져 앞면만 200만 번 연속으로 나올 수 있을까?

수백 년이 지난 후 또 다른 프랑스 수학자 앙트안 오귀스탱 쿠르노(Antoine-Augustin Cournot, 1801~1877)는 뾰족한 부분이 아래로 가도록 아이스크림콘을 균형을 잡아 세울 수 있을지 물었다. 물론 우리는 서커스 단원들과 개념 예술가들이 불가능해 보이는 균형 잡기를 해내는 것을 보았다. 쿠르노는 물리적 확실성(아이스크림콘을 세우는 것같이 물리적으로 확실히 일어날 수 있는 사건)과 가능성이 너무 낮아서 실제로 불가능한 실질적 확실성(practical certainty)을 구분하려 했다. 현재 쿠르노의 원리라고 부르는 방식으로 이렇게 정리했다. '실질적 확실성이란 일어날 가능성이 아주 희박한 사건을 말한다.'

단일 우연의 법칙

에밀 보렐은 1920년대 이것과 관련된 논문을 여러 편 썼다. 보렐은 정치인이었고 1925년 동료 수학자 폴 팽르베(Paul Painlevé)가 총리로 있던 시기에 해군 장관이 되었다. 보렐의 정치 인생이 불가능성에 대한 그의 관심에 지대한 영향을 끼쳤을 거라고 누가 알았을까?

불가능성의 개념을 연구하면서 보렐은 지금은 보렐의 법칙이라고 부르는 단일 우연의 법칙을 생각해냈다. 보렐의 법칙은 근본적으로 쿠르노의 원리와 동일하다. 보렐은 수학적으로는 불가능하지 않지만 어떤 사건은 일어날 가능성이 너무 희박해서 어떤 시도와 노력을 해도 일어나지 않는다고 주장했다. 물론 어느 날 갑자기 태양이 서쪽에서 떠오를 가능성도 있지만 그런 일은 불가능에 가깝다.

이 개념에 대한 이해를 돕기 위해서 보렐은 사건이 발생할 확률이 너무 낮아서 실질적으로 불가능하다고 여겨지는 척도를 만들었다. 수학적으로 불가능하다는 의미는 아니지만, 그럴 가능성이 너무 희박해서 수학자들이 불가능하다고 취급할 수 있다. 인간에게는 100만분의 1보다 낮은 확률은 불가능하다고 이야기할 수 있을 것이다.

원숭이 시인

보렐은 자신의 생각을 뒷받침하기 위해서 타자기를 아무렇게나 두드리고 있는 원숭이 그림을 보였다. 이 원숭이들이 전적으로 우연히 셰익스피어의 작품을 완성시킬 수 있을까? 물론 가능성이 너무 낮지만, 수학적으로 무한한 시간이 주어지면 (혹은 타자를 치는 원숭이가 무한히 많으면), 그런 일은 분명 일어난다. 따라서 이것은 수학적으로 불가능하지 않지만 확률이 너무 낮아서 어떤 시도를 하든 불가능하다. 결과적으로 보렐의 법칙은 무한 원숭이 정리라는 이름으로 유명해졌다.

셰익스피어의 희곡을 자판으로 치는 원숭이는 너무 흥미로운 개념이어서, 그 이후 유머러스한 형식으로나 아니면 진지한 접근법으로 대중문화에 다양하게 등장했다. 2003년 과학자들이 원숭이로 이것을 실험해볼 기회를 얻었다. 영국의 페잉턴 동물원에서 검은 짧은 꼬리 원숭이 6마리가 컴퓨터 키보드를 칠 수 있도록 자유롭게 풀려났다. 원숭이들은 키보드를 돌로 내려치고 그 위에 오줌을 싸기까지 했다. 그래도 5장 분량을 쳤고, 가장 많이 눌린 알파벳은 's'였다. 확실한 거부의 신호였다.

2011년, 컴퓨터 프로그래머 제시 앤더슨(Jesse Andersen)은 실제 원숭이를 이용하는 것보다 안전한 방법을 택해 실험을 했다. 컴퓨터 프로그램으로 가상의 원숭이 100만 마리를 만들었다. 이 가상의 원숭이들은 하루 동안 임의로 알파벳 1800억 개 사이를 돌아다녔다. 놀랍게도 45일 만에 제법 그럴싸하게 성공해냈다. 하지만 여기에는 약간의 속임수가 있었다. 이 프로그램은 완전한 문장을 구성하기 위해서 올바른 알파벳 9개를 올바른 순서로 모으게끔 설정되어 있었다. 수학자들은 원숭이 셰익스피어 같은 사건은 실질적으로 불가능하다고 말할 수 있다. 하지만 실질적으로 불가능한 것은 결코 그런 일이 일어나지 않는다는 사실을 뜻하지는 않는다.

에너지는 언제나 보존될까?

대수학의 언어로 우주를 정의하다

1918년

관련 수학자:
에미 뇌터

결론:
현대 대수학이 아인슈타인의
이론의 허점을 채우다.

약 100년 전 한 수학자가 현대 물리학을 결정짓는 수학적 정리를 발견했다. 이 정리는 여전히 물질과 에너지에 대한 새로운 통찰력을 예측할 정도로 획기적인 것이다. 이 정리를 창조한 사람은 독일의 수학자 에미 뇌터(Emmy Noether, 1882~1935)다. 아인슈타인은 뇌터를 '창조적인 수학 천재'라고 묘사했다. 하지만 뇌터는 수학자가 아닌 사람들에게는 잘 알려져 있지 않다.

뇌터가 유명하지 않은 이유 중 하나는 뇌터가 여성이기 때문이다. 수학자들 사이에서 여성에 대한 편견은 뿌리가 아주 깊었고, 뇌터는 계속 장애물과 맞닥뜨렸다. 뇌터는 위대한 수학적 통찰을 얻을 수 있었던 괴팅겐 대학교에서 4년 동안 '다비트 힐베르트(David Hilbert)의 조교'로 강의를 했다. 학교에서 여성이 수학을 강의하도록 허락하지 않을 것이기 때문이다. 게다가 뇌터는 현대 수학의 최전선에 있었기 때문에 비전문가는 무슨 의미인지 이해하는 것조차 쉽지 않았다.

상대성의 문제

1915년, 아인슈타인은 일반 상대성 이론을 세상에 공개했다. 상대성 이론이 나오고 불과 몇 년 뒤 개발된 뇌터의 이론은 상대성 이론에 있던 커다란 수학적 허점을 채웠을 뿐만 아니라, 물리학의 보존 법칙에 대해 심오한 새로운 통찰력을 제공했다.

뉴턴의 운동 법칙은 진자 운동을 하는 공을 예시로 들어 운동량 보존이 근본적이라는 것을 밝혔다. 각운동량 보존 법칙 또한 마찬가지였다. 각운동량 보존 법칙은 제자리에서 회전하는 피겨 스케이팅 선수가 팔을 몸통에 가깝게 붙일수록 회전 속도가 증가한다는 것을 설명한다. 에너지 보존 법칙 역시 19세기 자연의 가장 근본적인 법칙 중 하나로 인식이 되었다.

에너지 보존 법칙이란 어떤 시스템이든 에너지의 총량은 항상 동일해야 한다는 의미다. 에너지가 한 형태에서 다른 형태로 전환이 될 수는 있지만 총량은 절대 변하지 않는다. 이것은 어떤 물리 이론도 무시할 수 없는 아주 근본적인 법칙으로 여겼다.

사실 아인슈타인의 이론도 물리량 보존에 대한 이야기다. 상대성 이론은 에너지 보존에 대한 방정식을 포함하고 있는데, 천재적인 독일의 수학자 다비트 힐베르트와 펠릭스 클라인(Felix Klein)이 그의 이론을 면밀히 살펴보았을 때 상대성 이론은 x-x=0이라는 뻔한 사실을 말하는 것에 지나지 않았다. 두 수학자는 아인슈타인의 이론이 틀렸다고 이야기하지 않는다. 단지 아인슈타인이 사용한 수학적 기법이 주장을 전체적으로 설명하지 못했다.

그들은 에너지 보존과 같이 변하지 않는 수학의 전문가에게 도움을 요청해야 한다는 사실을 깨달았다. 그래서 괴팅겐에 있던 수학자 에미 뇌터에게 도움을 요청했다.

어떤 관점에서 문제를 바라보든

뇌터는 물리학에는 조금도 관심이 없었고 에너지 보존이라는 문제를 순수하게 수학적인 문제로 바라보았다. 대상이 확대되거나 회전하거나, 전이(변화 없이 이동)되었을 때와 같은 변형을 연구하는 최신 수학 기법과 대칭성을 이용해 이 문제에 접근했다. 복잡한 대수 방정식을 풀기 위해 대칭성(항의 유사군)을 사용하는 발상은 한 세기 전에 갈루아가 (106쪽 참조) 소개했다. 뇌터의 뇌리를 스친 것은 대수 방정식을 풀 때처럼 에너지 보존 법칙을 연구하는 데도 대칭성을 동일하게 이용하는 것이다.

뇌터는 빠르게 두 가지 정리를 발견할 수 있었다. 두 번째 정리는 힐베르트와 클라인이 짐작했던 것처럼 일반 상대성 이론은 사실 특별한 경우라는 것이다. 에너지는 일반 상대성 아래에서 부분적으로 보존되지 않을 수는 있지만 전 우주적으로 에너지는 보존된다. 하지만 정말 획기적이었던 것은 뇌터의 첫 번째 정리다.

뇌터의 첫 번째 정리는 모든 보존 법칙이 더 큰 그림의 일부분이라는 사실을 보였다. 에너지, 운동량, 각운동량 외 모든 보존 법칙이 거기에 속한다. 이 법칙들은 전부 대칭적으로 연결이 되어 있다. 뇌터는 모든 보존 법칙이 연관된 대칭성이 있으며 그 역도 성립함을 보였다. 뇌터의 정리는 각 보존 법칙의 기저에 있는 대칭을 찾는 방정식을 제공한다. 에너지 보존 법칙은 시간의 병진 대칭이다. 운동량 보존 법칙은 공간의 전이 대칭이다. 다시 말해 이 보존 법칙들은 시간을 뒤로 돌리든, 대상을 어떤 방향으로 움직이든 항상 같기 때문에 이런 보존 법칙이 발생한다. 기본 물리 방정식은 시간과 공간에 따라 변하지 않는다.

대칭성의 힘

뇌터의 논문 「불변의 변분 문제(Invariant variational problems)」는 1918년 7월 23일, 세상에 모습을 드러냈다. 이렇게 한번 생각해보자. 여러분이 당구대 위에 놓인 당구공을 치면, 당구대가 평평(invariant)하기 때문에 공은 똑바로 굴러간다. 만약 당구대가 곡면이었다면 공은 다르게 굴러갔을 것이다.

뇌터의 혁신적인 논문이 출간된 이후 뇌터의 첫 번째 정리의 영향력은 계속 커졌다. 1970년, 물리학자들은 알려진 모든 입자를 표준 모형이라는 틀 안에 배치시켰다. 표준 모형은 뇌터의 정리를 사용해 만들어졌으며 대칭성에 의존하고 있다. 대칭성은 힉스 보존 입자의 존재를 예측했고, 마침내 2012년 힉스 입자가 발견되었다.

주목할 점은 오늘날 물리학자들은 보존 법칙과 대칭성에 대한 뇌터의 정리로 뇌터를 우러러 보지만, 수학자들은 뇌터를 추상 대수학을 발전시킨 사람으로 더욱 추앙한다. 추상 대수학은 완전히 이론적으로 대수적 구조에 초점을 맞추어 연구하는 학문이다. 뇌터는 의심할 여지없이 20세기 가장 위대한 수학자 중 한 명이다.

1918년

관련 수학자:
스리니바사 라마누잔

결론:
홀로 연구하는 수학자가 천재로 밝혀졌고, 정수론을 한 단계 발전시켰다.

택시캡 숫자는 따분한 숫자일까?

1,729와 정수론

1916년 어느 날 케임브리지의 저명한 수학 교수 고드프리 해롤드 하디 (Godfrey Harold('GH') Hardy)는 자신의 젊은 후계자이자, 인도에서 홀로 연구하던 수학의 마법사 스리니바사 라마누잔(Srinivasa Ramanujan)이 입원해 있는 요양원을 방문했다. 하디는 병원으로 오던 길을 회상하며 이렇게 말했다. "번호가 1729인 택시를 타고 왔네. 따분한 숫자였지." 라마누잔은 대답했다. "아닙니다. 아주 흥미로운 숫자예요. 서로 다른 방법으로 두 세제곱수의 합으로 표현할 수 있는 가장 작은 숫자입니다."

그리고 라마누잔은 정확했다.

$$1,729=1^3+12^3=9^3+10^3$$

라마누잔이 최초로 이 숫자의 비밀을 알아챈 것은 아니다. 프랑스의 수학자 베르나르 드 베시(Bernard de Bessy)는 이 사실을 한참 전인 1657년에 발견했다. 일부 사람들은 하디가 동료의 기운을 북돋아주기 위해서 일부러 그랬던 것이라고 추측한다. 그는 라마누잔이 1,729가 얼마나 흥미로운 숫자인지 보이고 싶은 유혹을 거부할 수 없다는 사실을 알았기 때문이다.

택시 잡기

진실이 무엇이든, 이 일화는 여러 방식으로 두 세제곱수의 합으로 표현할 수 있는 가장 작은 숫자에 대한 관심에 불을 지폈고, 이 숫자는 '택시캡 숫자'라고 불리게 되었다. 이후 수학자들은 다른 택시

캡 숫자를 찾아 나서기 시작했다. 하디는 동료 수학자인 에드워드 라이트 (Edward Wright)와 모든 정수에서 택시캡 숫자를 찾을 수 있는 가능성을 증명하려고 했다. 그들의 증명은 오늘날 이와 같은 숫자를 검색할 수 있는 컴퓨터 프로그램의 기초가 되었다. 이론적으로는 무한히 많은 택시캡 숫자가 있고 컴퓨터가 택시캡 숫자를 아주 많이 찾을 수 있다. 그러나 그중에 가작 작은 숫자인 진정한 택시캡 숫자를 정확히 찾을 수는 없었다. 따라서 한 세기가 넘도록 택시캡 숫자가 단 6개만 발견되었다.

Ta(1): 2

Ta(2): 1,729 (1657, 드 베시)

Ta(3): 87,539,319 (1957, 리치)

Ta(4): 6,963,472,309,248 (1989, 로젠스틸, 다르디스와 로젠스틸)

Ta(5): 48,988,659,276,962,496 (1994, 다르디스)

Ta(6): 24,153,319,581,254,312,065,344 (2008, 훌러바흐)

두 세제곱수의 합으로 표현할 수 있는 조합이 7개인 택시캡 숫자를 찾기 위한 탐험이 계속되고 있다.

택시캡 숫자의 변형

일부 수학자들은 거기에서 더 나아가 세제곱수의 합으로 표현되는 다른 숫자를 찾아나서기 시작했다. 택시캡 숫자는 두 양의 세제곱수의 합을 둘 이상의 서로 다른 조합으로 표현할 수 있는 숫자다. '캡택시' 숫자는 음수도 포함할 수 있다. 예를 들면, 다음과 같은 숫자다.

$91 = 6^3 - 5^3 = 3^3 + 4^3$

이런 숫자는 신비롭고 발견하기 아주 어려워 보인다. 그렇다고 해서 실제로 찾는 게 쓸모없다고 느끼게 만들지 않는다. 사실 캡택시 숫자를 찾는 것이 어렵다는 바로 그 사실 때문에 암호화 방법을 연구하는 컴퓨터 프로그래머들이 관심을 보인다. 예를 들어, 은행 계좌의 코드 번호는 두 세제곱수의 합일 수 있다. 그리고 해커가 어떻게 이 숫자가 두 세제곱수의 합으로 표현되는지 푸는 일은 거의 불가능에 가깝다. 따라서 은행의 보안 시스템을 사용하는 우리는 라마누잔과 하디에게 고마움을 표해야 할지도 모른다.

인도에서 온 편지

사실 택시캡 숫자는 라마누잔과 하디가 공동으로 연구했던 업적의 한 부분에 지나지 않는다. 두 사람의 관계는 1913년 1월 어느 날, 하디가 아주 특별한 편지를 받았을 때 시작되었다. 이 편지는 마드라스항에 있는 작은 사무실에서 일하는 가여운 사무원 라마누잔이 보낸 것이다. 라마누잔은 겸손하게 하디에게 자신이 현재 연구하고 있는 수학 계산에 대해 피드백을 줄 수 있는지 물어보았다.

하디는 천성이 회의적인 사람이지만, 대충 편지를 훑어보다가 무한 수열과 적분, 소수에 대한 아주 놀랍고도 복잡한 공식을 만든 장본인을 찾기 시작했다. 이 편지에서 라마누잔은 X보다 작은 모든 소수의 합과 동일한 X에 대한 함수를 발견했다고 주장했다. 만일 라마누잔의 주장이 옳다면 세기 최고의 수학적 발견이 될 것이다. 하지만 라마누잔은 완전히 독학으로 수학을 공부했기 때문에 그가 쓴 공식과 증명은, 하디가 보기에 아주 불분명했고 천재의 연구인지 사기인지 확신할 수 없었다. 하디는 거듭 생각하고 동료 수학자와 대화를 나눈 뒤, 그가 천재라고 결론을 지었고 즉시 라마누잔에게 케임브리지로 와서 공부할 것을 권하는 답장을 썼다.

비록 X에 대한 함수를 증명하는 과정에서 문제점이 발견되었지만 라마누잔은 실제로 천재였고, 이후 5년 동안 두 학자는 가깝게 일하면서 소수에 관한 위대한 연구를 세상에 내놓았다. 라마누잔이 하디의 지도 아래 케임브리지에서 출간한 논문은 정상적이고 확실한 증명을 포함하고 있었다. 하지만 라마누잔의 노트는 사뭇 달랐다. 수학을 독학한 라마누잔에게는 엄밀한 증명이라는 개념이 없었다. 그에게 중요한 것은 정답이었다.

마스터 스위치

라마누잔은 스스로 마스터 공식이라고 부르는 공식을 만들었다. 이 공식의 증명을 보면 여러 기법이 어지럽게 뒤섞인 혼란 그 자체나, 이 공식을 통해 얻은 결과는 항상 옳았다. 라마누잔은 분할(숫자를 작은 그것보다 작은 자연수의 합으로 표현하는 방법)에 대해 놀라운 연구를 했으며 반세기 이후 대수기하학 분야의 엄청난 발견과 관계가 있는 x^{n-1}에 대한 추측을 내놓았다.

택시캡 숫자로 라마누잔의 이름은 영원히 남을 것이다. 하지만 이것은 수학적 상상력으로 가득한 그의 지성에서 나온 아주 평범한 것이었다.

이기기 위한 최선의 방법은 무엇일까?

게임 이론과 수학적 전략

1928년

관련 수학자:
존 폰 노이만

결론:
게임 이론은 자신의 이해관계를 최우선으로 두는 수학적 가이드다.

게임 이론은 승리를 위해 게임에 참여하는 두 명 이상의 참가자 간의 전략 게임처럼 상호작용을 수학적으로 연구하는 것이다. 이 이론은 헝가리에서 미국으로 망명한 수학자, 이후 많은 사람들에게 스탠리 큐브릭 감독의 영화 <닥터 스트레인지러브>에서 혼란스러운 핵 과학자의 모델로 지목된 존 폰 노이만(John von Neumann)의 발상이다.

이는 1928년 폰 노이만이 아직 유럽에 머물던 당시 「응접실 게임론(The Theory of Parlour Games)」이라는 적절한 제목의 논문에서 처음 등장했다. 노이만은 카드 게임과 체스와 어린 시절 즐기던 체스와 비슷한 전략 게임에서 영감을 받았다. 노이만의 생각에 포커는 단순히 운에 좌우되는 게임이 아니었다. 포커는 전략 게임이었으며 전략은 허세를 부리는 것이었다. 노이만은 질문했다. 그렇다면 최선의 허세 전략을 수학적으로 정의할 수 있을까?

포커 게임과 전쟁 이론

이런 생각을 한 것은 폰 노이만이 최초가 아니다. 1920년대 초반 프랑스의 수학자이자 정치인인 에밀 보렐이 이를 주제로 여러 편의 논문을 썼다.

상대방 카드에 대해 제한적인 정보만을 가지고 있을 때 이길 수 있는 포커 게임의 전략을, 수학적으로 발견할 수 있는지 논하는 것이다. 보렐은 이런 전략을 경제나 군사 작전에도 적용할 수 있을 것이라고 상상했다. 보렐 이전에도 전략을 세우기 위해 수학을 적용하려고 한 시도가 존재했다.

하지만 게임에 관한 수학적 분석을 완전한 이론으로 완성시킨 것은 폰 노이만이 최초다. 노이만은 부분적으로 제2차 세계대전 중 태평양에 있던 미군을 효과적으로 지휘하려는 전략에 부분적으로 영감을 받았다. 1943년 원자 폭탄을 개발하기 위한 맨해튼 프로젝트에 참여했다. 폭탄을 실어 나르는 수송선이 격추될 확률을 줄이기 위한 확률 모델을 만들었고, 최대 효과를 줄 수 있는 목표물을 선택하는 문제에 수학을 도입했다. 폭탄을 개발하는 일을 하며 폰 노이만은 또 다른 망명자였던 동료 오스카 모르겐슈테른(Oskar Morgenstern)과 힘을 합쳐 게임 이론의 토대를 쌓은 『게임 이론과 경제 행동(Theory of Games and Economic Behaviour)』이라는 책을 썼다. 책이 완성된 것은 1944년이었지만 1946년까지 출판이 되지 않았고, 출판이 되었을 때는 고차원적 수학 이론을 설명한 책으로는 이례적이게도 신문의 일면을 장식했다.

전시 전략에서 출발한 이론이었지만 책은 경제 행동을 어떻게 게임으로 설명할 수 있는가에 초점을 맞추고 있었다. 포커를 할 때처럼 경제를 들여다보기 위해서 폰 노이만은 '합리적 선택 이론'을 이용했다. 이 이론은 인간을 '합리적 효용성을 극대화하는 개인'으로 간주한다. 즉, 개인의 집합으로, 각각은 '효용성' 혹은 개인적 이익을 극대화하기 위해 논리를 이용한다. 이 이론의 목적은 우리 모두가 이익을 좇는다는 전제 하에 인간의 행동을 수학적으로 예측하는 것이다.

게임 이론에서는 상호작용에 관계된 인간을 각각 승리나 이익을 극대화할 전략을 탐색하는 '참가자' 혹은 '에이전트'로 간주한다. 폰 노이만은 '현실은 허세, 속임수 같은 작은 전략, 내가 무엇을 할지에 대해 상대방이 어떻게 생각하고 있을지를 묻는 자신으로 이루어져 있다'고 주장했다. 그가 계산한 최선의 방법은 이기기 위해서 플레이를 하는 것이 아니라 손실을 최소화하도록 하는 것이다. 최대 손실을 최소화하는 전략, '미니맥스(minimax)'라는 이름으로 알려지게 된 전략이다.

범죄를 고백해야 할까?

이 전략에 관한 가장 유명한 사례는 '죄수의 딜레마'다. 여러분과 여러분의 동료가 범죄를 저질러 경찰에 검거되었고 각자 다른 방에 갇혀 있다고 생각해보자. 서로를 보호하기 위해 침묵을 지킨다면(게임 이론에서는 '협동'이라고 한다), 경찰이 가진 부족한 증거로는 두 사람에게 5년형을 선고할 수밖에 없다. 하지만 여러분의 동료가 자백을 한다면('배반'이라고 한다), 그는 풀려나고 여러분이 20년형을 받게 될 것이다. 만일 두 사람 모두 자백하면 나란히 10년형을 받게 된다.

　게임 이론은 여러분이 최선의 결과를 원한다고 가정했다. 각 전략에서 발생할 수 있는 가능성을 숫자의 짝으로 배치하고 수학적으로 분석할 수 있다. 그렇다면 대답은 여러분은 반드시 자백해야 한다는 것이다. 그렇다. 여러분과 동료 모두 10년형을 받게 된다. 하지만 여러분의 동료가 자백하고 홀로 20년형을 받게 된다는 위험을 감수하는 것보다 낫다. 이것이 바로 최소한 최악의 시나리오는 피하는 미니맥스 전략이다.

　미니맥스 전략은 미군이 진지하게 전략을 고안하고 채택할 때 쓸 수 있는 매우 간단한 방법으로 보였다. 미 장군들이 러시아 측에서도 동일한 전략을 취해 핵무장을 할 것이라고 가정했을 때, 핵무기 보유 경쟁을 뒷받침하는 근거가 되었다. 폰 노이만 자신은 핵무장을 막기 위해 예방 차원으로 모스크바에 핵폭탄을 투하해야 한다고 촉구했다. 지구에는 다행스럽게도 모두 한발 물러섰다.

　이후 게임 이론은 경제학과 심지어는 진화론에서까지 중요한 역할을 하게 되었다. 수학은 우아할 정도로 단순하고 이론은 다양한 상황을 쉽게 파악할 수 있도록 도와줄 수 있다. 하지만 게임 이론은 완벽과는 거리가 먼 인간과 동물 행동의 모델이고 여전히 논란이 많다.

1931년

관련 수학자:
쿠르트 괴델

결론:
고대 그리스인의 모순이 수학의 객관적 진실을 시험하기 위해 사용되었다.

그것은 완전할까?

수학의 심장을 겨냥하다

1은 1이고 2 더하기 2는 4다. 자명한 사실이지 않은가? 이것이 대부분의 사상가들이 오랫동안 믿어왔던 것이다. 다른 개념은 궁극적으로는 견해의 문제라고 할 수 있지만, 수학은 항상 희석되지 않은 진실의 자리를 지켜왔다. 수학적 이론을 증명할 수 있다면 여러분은 진리를 발견한 것이다.

수학의 전체 논리 구조

그러나 약 한 세기 전 일부 수학자와 철학자들은 수학적 진리를 더 확고하게 만들기를 원했다. 그들은 당시 수학을 집합으로 조직한 당시 집합론의 발전에 자극을 받았다. 2300년 전 유클리드가 공리라고 하는 기본적인 출발점을 세우고 기하학이라는 체계를 건설한 것처럼, 일부 수학자들은 수학 전체의 체계를 유클리드의 방식대로 세우고자 했다. 이 프로젝트는 1910년과 1913년 사이에, 버트런드 러셀(Bertrand Russell)과 알프레드 화이트헤드(Alfred Whitehead)의 기념비적인 책 『수학 원리(Principia Mathematica)』(일부러 1687년에 출간된 뉴턴의 위대한 책과 제목을 맞추었다)와 함께 시작되었다. 두 수학자의 목표는 수학 전체의 내부 논리 구조를 검토하고 궁극적으로 모든 것이 논리적으로 성립될 수 있는 기본 원리만을 남기는 것이다.

이것은 엄청난 작업이다. 러셀과 화이트헤드는 당연히 두께가 엄청난 책 세 권 중 한 권을 요약하는 데만 헌신했다. 그래도 그들이 전반적으로 보인 진전은, 위대한 독일의 수학자 다비트 힐베르트(David Hilbert)가 수학의 전 분야가 세워질 수 있는 완전한 공리의 집합을 만드는 과제에 착수하기에 충분했다. 이와 같은 공리 체계는 이 공리에서 출발한 증명이 정의에 따라 반드시 참이 되도록 일관성이 있고 완전해야 한다. 논리적으로 일관성이 있다면 두 개의 모순된 정답을 가질 수 없다. 만일 이 체계가 완전하다면 모든 명제는 증명된다.

    1930년대까지 힐베르트의 프로젝트는 상당 부분 마무리가 되었고, 23가지 문제로 분류된 몇 안 되는 공백을 채울 일만 남게 되었다. 이때 쿠르트 괴델(Kurt Gödel)이라는 오스트리아의 젊은 수학자가 아주 결정적으로, 결과적으론 파괴적으로 개입하게 된다. 1931년 괴델은 「수학 원리와 켈시 시스템의 공식적으로 결정 불가능한 명제에 대해(On Formally Undecidable Propositions in Principia Mathematica and Kelsey Systems)」라는 제목의 논문을 썼고, 여기에 그는 두 가지 '불완전성' 정리를 내놓았다.

거짓말쟁이의 역설

괴델은 '누군가 자신이 절대 거짓말을 하지 않는다고 할 때 그를 믿을 수 있는가'라는 오래된 거짓말쟁이의 역설을 업데이트한 버전을 제시했다. 이야기는 이렇게 진행된다. 반은 신화적 인물인 크레타의 에피메니데스(Epimenides)가 '모든 크레타인은 거짓말쟁이다'라고 주장했다. 그렇다면 그는 진실을 말하는 것인가 그렇지 않은가? 이것은 거짓말쟁이의 역설이 아니다. 왜냐하면 그는 단순히 거짓말을 하는 것일 수 있고, 최소한 진실을 말하는 한 명의 크레타인일 수도 있기 때문에. 따라서 일부 논리학자들은 '이 명제는 거짓이다'라는 문장으로 바꾸었다. 만약 이 명제가 실제로 거짓이라면 그것은 역설적으로 참이 되고 그 역도 마찬가지다.

    괴델이 했던 것은 이 명제를 연구하는 것이다. 정확히 말해 이 명제를 수학에 적용시켜 '이 명제에는 증명이 없다'라는 명제를 연구했다. 수학에서 증명이란 근본적으로 어떤 숫자의 집합이 다른 집합과 같고, 숫자는 단지 기호라고 말하는 것이다. 따라서 괴델은 '이 정리는 증명이 없다'라는 명제와 산술적으로 등가가 되는 명제를, 산술적 절차를 따르거나 세

제곱 소수의 수열의 알고리즘으로 만들 수 있다.

그의 접근법은 말하자면 '이 정리에는 증명이 없다'라는 명제를 산술적 명제로 효과적으로 바꾸는 것이다. 그리고 이 명제에 증명이 있든 없든 문제가 발생한다. 만일 이 명제에 증명이 있다면 정리는 자기 모순적이다. 정리에 증명이 없다면 '모든 명제에는 증명이 있다'라는 힐베르트의 기본적인 수학의 완전성에 대한 가정을 정면으로 위배한다.

두 번째 정리에서 괴델은 동일한 방식으로 수학적 일관성을 비틀었다. 그는 산술이 일관적이라면 산술의 일관성에 대한 증명이 존재할 수 없다는 것을 보였다. 그리고 만일 누군가 산술의 일관성에 관한 증명을 발견하면, 이 증명은 산술이 일관적이지 않다는 사실을 보일 것이다.

괴델이 남긴 충격

논문 한 편으로 괴델은 힐베르트의 공리의 중심 교리인 일관성과 완전성을 완전히 부수어버렸다. 괴델의 논문은 단지 힐베르트의 형식주의뿐만 아니라 수학 전체를 강타한 망치였다. 일부 사람들은 한동안 이것이 단순히 기술적인 작은 문제이길 소망했다. 하지만 다른 수학자들이 괴델의 주장이 모든 공리주의적 시스템에 적용이 된다는 사실을 보였다.

이 말은 수학은 더 이상 진리를 담보할 수 없다는 사실을 의미했고, 수학적 증명이 진리의 명제라고도 할 수 없었다. 유사하게 명제는 참일 수도 있지만, 증명 가능하지 않을 수도 있다. 고대 그리스 시대부터 2000년이 넘는 지금까지 수학자들은 이와 같은 가능성을 한번도 생각해보지 않았다. 정리는 참이거나 거짓이었고, 증명은 가능하거나 불가능했다. 이 말은 세 가지 대답이 있다는 것을 의미한다. 그렇다, 아니다, 마지막으로 확실히 모른다.

이론적으로, 수학적 교리라는 것은 사상누각임을 의미했다. 실질적으로는 힐베르트같이 공리화된 수학의 신전을 지으려고 한 형식주의자들을 제외하고는 사실상 아무 차이도 없었다. 예외적으로 영향을 받은 분야는 이분법과 확실성이 결정적 역할을 하는 신흥 분야인 컴퓨터 과학이었다. 이 분야에서 괴델의 두 공리는 해결하는 데 시간이 한참 소요된 큰 위기를 불러 일으켰다.

피드백 루프는 무엇일까?

제어와 통신 이론

관련 수학자:
노버트 위너

결론:
제어 시스템에서 영감을 받은 위너는 피드백이라는 아이디어를 수학적으로 공식화했다.

미국의 수학자 노버트 위너(Norbert Wiener)는 제2차 세계대전 당시 제어 시스템에 매료되었다. 그는 비행기를 격추시키는 대공포를 개발하고 있었고, 자동으로 적의 비행선을 조준해 발포할 수 있는 방법을 찾으려 했다. 연구를 거듭하며 제어 시스템과 이 시스템이 어떻게 피드백에 의존하는지를 생각하게 되었다.

피드백이라는 것은 전혀 새로운 발상이 아니다. 모든 살아 있는 생명은 주변 환경에 대응하고 적응하기 위해 피드백에 의존한다. 인간도 다른 생명체와 마찬가지로 아주 단순한 일을 수행할 때조차 우리 자신을 안내하는 감각에서 공급되는 지속적인 데이터에 의존한다. 변화에 자동으로 대응하는 기계는 문명만큼이나 오래되었다. 연못에 물이 가득 차면 자동으로 넘치는 물방아 연못처럼.

하지만 1948년, 위너는 『사이버네틱스: 동물과 기계에서 통제와 소통(Cybernetics: Or Control and Communication in the Animal and the Machine)』이라는 책에서 처음으로 세계대전이 끝난 후 자연과 기계의 피드백 메커니즘에 대해 자세히 분석했다. 대공포를 개발하면서 위너는 피드백이 어떻게 실패하는지 보았다. 예를 들면, 데이터 피드백에 지연이 생기면 대공포가 조준을 잘못해서 목표물을 한쪽으로 치우치게 발포하고, 비행선이 균형을 잡으려고 할 때 다른 쪽을 향해 발포한다.

순환 정보

위너는 이런 피드백의 실패와 인간 뇌에서의 피드백 사이에 어떤 유사성이 있는지 알고 싶었다. 물론 신체의 반응 루프에 대해 인지하고 있었다. 예를 들자면, 아주 뜨거운 물체를 만졌을 때 당장 손을 떼도록 신경계가 뇌와 바로 연결되어 통제하는 방식이 있다. 하지만 더 구체적으로 알고 싶었고, 뇌의 제어중추 중 하나인 소뇌가 손상되었을 때의 상황에 대해 신경학자에게 자문을 구했다. 결론은 기도진전이라고 알려진 질환이 발생하는데 환자가 어떤 것에 닿으려고 할 때 몸이 떨린다. 뇌가 손의 위치를 제어할 정도로 손에서 피드백을 빠르게 받지 못하면, 손이 앞뒤로 떨리기 시작하는 것이다. 전쟁이 끝난 뒤 위너는 피드백에 관한 연구를 계속해나갔고, 피드백의 순환에 대해 이해하게 되었다. 작용과 반작용, 행동과 반응, 원인과 결과 사이에 지속적인 순환적 상호작용이 존재한다. 피드백 작용이 있을 때는, 위너가 피드백 루프라고 한 메커니즘 안에서 어떤 변화는 자극원에 대한 반응을 촉진한다.

양과 음의 루프

위너는 양의 피드백 루프(positive feedback loop)와 음의 피드백 루프(negative feedback loop) 사이에 중요한 차이가 있다는 사실을 깨달았다. 양의 피드백 루프란 피드백이 신호를 증폭시킬 때를 말한다. 라이브 공연장에서 스피커 소리가 마이크를 통해 끔찍하게 찢어지게 증폭되어 나오는 것을 들은 적이 있을 것이다. 긍정적인 이름과는 다르게 양의 피드백은 종종 제어와는 정반대의 역할을 한다. 지구 온난화가 영구동토대를 녹여 메탄가스가 방출되고 이 메탄가스가 다시 온난화를 가속화시키는 것처럼, 양의 피드백은 상황이 가속되기 시작할 때 악순환을 만들 수 있다.

정상적으로 제어 기능을 하는 것은 음의 피드백 루프다. 출력이 일정 강도에 도달하면 반응이 출력을 제한하기 때문에 시스템이 안정화된다. 예를 들어, 중앙난방일 때 온도가 너무 높아진다면 센서가 이에 반응하고 온도 조절 장치가 난방을 자동으로 끈다.

맥스웰의 원심 조속기

음의 피드백 장치는 그 역사가 아주 오래되었지만 제임스 클러크 맥스웰(James Clerk Maxwell)이 1868년 「조속기에 대해(On Governors)」라는 혁신적인 논문을 출간할 때까지 누구도 수학적으로 면밀히 연구하지 않았다. 조속기는 증기 기관의 속도를 조절하기 위해 1788년 제임스 와트(James Watt)가 발명한 단순하고 독창적인 제어 장치다. 엔진의 속도가 올라가면 조속기에 달린 막대기가 빠르게 움직이고 원심력이 금속 공을 밀어 올린다. 이 장치가 엔진의 조절판을 닫는 레버를 당긴다. 따라서 엔진의 속도가 줄어들고 공이 다시 내려오면 조절판이 다시 열린다.

제어의 순환성에 대한 맥스웰의 관심은 1820년대 프랑스의 사디 카르노(Sadi Carnot)가 개발한 열기관의 열과 에너지의 순환이 실현되면서 발전했다. 맥스웰의 논문은 제어 루프라는 발상을 주류로 만들었다. 『사이버네틱스』라는 책 제목은 위너가 맥스웰의 연구에 진 빚을 인정하는 의미로 '조속기(governor)'를 뜻하는 그리스어를 차용해 지은 것이다.

사이버네틱스의 미래

위너의 책은 피드백을 이용한 제어 메커니즘 이론을 훨씬 더 발전시켰다. 위너는 입력과 출력은 알려졌지만 처리 과정에 대해서는 전혀 알려지지 않은 '블랙 박스'라고 하는 시스템과, 내부 처리 프로세스가 미리 정의된 단순한 시스템인 '화이트 박스'를 구분했다.

위너의 책은 제어 메커니즘과 피드백 루프에 대한 엄청난 관심을 불러일으켰으며, '사이버네틱스'라는 단어가 대중들에게 퍼졌다. 기계의 자동 제어 시스템은 세계를 구성하는 한 부분으로 오랜 기간 자리 잡았으나, 위너의 책은 컴퓨터의 등장과 부분적으로 연결된 피드백 제어 메커니즘의 눈부신 발전을 앞서가고 있었다.

위너는 자동 제어 시스템으로 가득한 세상을 상상했고, 그가 그린 미래는 편안한 삶과는 거리가 멀었다. 그는 피드백 시스템으로 제어되는 기계를 상상했다. 인간이 개입할 필요가 없어서 많은 인간 노동자들이 잉여 인력이 되고 쓸모없어지는 것이다. 위너의 생각은 로봇이 세상에 관여하고 반응할 수 있는 메커니즘을 지원하는 피드백 루프와 함께 로봇공학에도 적용이 되었다.

오늘날 피드백-제어 시스템은 스마트 가전부터 자동 주행 자동차까지 우리의 삶에 깊숙이 스며들어 있다. 하지만 위너는 이런 발전이 가져다주는 밝은 미래를 상상하지 않았다.

1948년

관련 수학자:
클로드 섀넌

결론:
섀넌은 이진법으로 백색 소음 문제를 해결했다.

정보를 전달하는 최고의 방법은 무엇일까?

이진수와 디지털 신호

먼 거리에서 신호를 전달하는 일은 골칫거리였다. 출처가 불분명하지만 제1차 세계대전 당시 한 장군이 다음과 같은 메시지를 보냈다는 이야기가 전해진다. '추가 병력을 보내라. 먼저 진격한다.' 전송 단계를 여러 번 거치면서 최종 메시지는 '3~4펜스를 보내라. 춤 출 예정이다'라고 바뀌어 전달되었다. 다시 말해 어떤 신호든 먼 거리에서 전달이 되면 정보 손실이 일어나고 메시지는 왜곡된다.

연결 문제

1940년대 전화 네트워크가 확장되었고 대서양을 가로질러 전화선을 연결하는 것이 당연해졌다. 결국 거의 한 세기 동안 대서양을 가로질러 전보가 오고 갔다. 하지만 전화선이 연결되고 메시지가 대서양을 가로질렀을 때, 반대편에서는 이 메시지를 읽을 수가 없었다.

공학자들은 이 문제를 해결하기 위한 기술적 방법을 찾았다. 문제는 신호가 대서양을 가로지르면서 계속 약해지는 것처럼 보이는 것이다. 그렇다면 도중에 신호를 여러 번 증폭시키면 어떨까? 신호를 증폭시켰을 때의 문제는 신호가 전달되며 '백색 소음'이라는 임의의 배경 소음이 포함되는 것이다. 신호를 증폭시키면 백색 소음 역시 증가한다. 결국 이 백색 소음이 너무 커져서 메시지가 손실된다.

백색 소음 문제는 도저히 해결 불가능한 장애물이자 자연의 근본적인 특성처럼 보였다. 하지만 미국의 벨 연구소에서 일하던 수학자이자 전자 공학자인 클로드 섀넌(Claude Shannon)은 다른 생각이 있었다. 이 문제의 해답은 기술적으로 백색 소음을 없애는 것이 아니라, 메시지라는 개념에 대해

148

서 다르게 생각하는 것에 있다는 사실을 깨달았다. 1948년 섀넌은 「수학적 통신론(a mathmatical theory of communication)」이라는 논문을 출간했다.

이 논문에서 섀넌은 최초로 정보가 무엇인지 논하고 정의했다. 그가 설명하길 정보란 기본적으로 차이를 식별할 수 있는 어떤 것이다. 배경 소음은 임의적으로 발생하고 효과적으로 특정할 수 없다. '뉴스'는 이전에 한 번도 등장하지 않았기 때문에 뉴스다. 정보는 예측 불가능하다. 정보는 평범하지 않아야 한다. 이런 특징이 정보를 백색 소음과 구별할 수 있게 한다.

섀넌의 정보에 대한 정의는 단순히 전화 메시지뿐만 아니라 모든 정보에 적용할 수 있는 진실이다. 섀넌의 통찰력은 생명체를 계속 살아 있게 하는 정보부터 물방울의 모양을 결정짓는 정보까지 전체적인 범위에서 이 세계가 움직이는 방식에 대해 깊게 이해할 수 있게 했다.

정보 엔트로피

19세기 루트비히 볼츠만(Ludwig Boltzmann)과 같은 물리학자는 우주에서 질서와 무질서의 열역학적 특성을 정의하기 위해 애썼다. 물리학자들은 모든 것이 궁극적으로 향하는 엔트로피(최대 무질서 상태)라는 개념에 집중했다.

섀넌은 정보가 질서이고 백색 소음으로 정보를 잃는 것은 무질서 혹은 엔트로피와 동등하다는 사실을 보여주었다. 정보가 줄어드는 확률을 볼 수 있는 방정식을 만들기 시작했다. 현재 섀넌 방정식은 정보 이론의 핵심이다.

20년 전 전자공학자 랄프 하틀리(Ralph Hartley)는 측정 가능한 수학적인 양으로 정보라는 개념을 도입했고, 섀넌은 아주 단순한 방법으로 정보의 예측 불가능성을 측정할 수 있다는 사실을 깨달았다. 그리고 여기에서 소음이 없이 정보를 전송할 수 있는 방법의 비밀이 밝혀졌다. 정답은 이진법에 있었다.

0과 1

이진법은 수치를 0과 1의 조합으로 표현할 수 있다는 생각이 기반이다. 이진법의 역사는 최소한 고대 이집트로 거슬러 올라간다. 하지만 이진법은 고트프리트 라이프니츠(Gottfried Leibniz)가 1679년에 재발견했고, 19세기

중반 조지 불(George Boole)이 불 대수의 완전한 논리체계로 발전시켰다.

섀넌은 정보의 아주 단순한 기본 단위, 정보의 원자를 정의하는 데 이진법을 사용할 수 있다는 사실을 깨달았다. 정보의 단위는 궁극적으로 예/아니요, 둘 다/둘 중 하나, 정지/진행, 켜짐/꺼짐으로 분해할 수 있다. 이진법에서 기본 단위는 0 혹은 1이다. 섀넌은 정보의 작은 조각들을 기본적인 0과 1의 조합으로 기호화할 수 있다는 사실을 깨달았다. 그리고 이 이진수를 '비트(bits)'라고 불렀으며 현재까지 계속 같은 명칭을 사용하고 있다.

전화 메시지는 목소리로 생기는 진동을 모사해 전압이 연속해서 바뀌는 전류로 변환이 되어 전송된다. 이렇게 지속적으로 변하는 신호를 현재 '아날로그'라고 한다. 이 아날로그 신호는 백색 소음에 취약하다.

섀넌은 높낮이가 다양한 목소리를 디지털 코드인 이진수의 열로 간략화할 것을 제안했다. 소리를 만드는 공기 중의 진동이 변환기를 통해 0과 1의 전기 신호로 간단하게 바뀐다. 0은 낮은 전압을 1은 높은 전압을 가리킨다. 높고 낮은 전압이라는 코드를 도착지에서 다시 목소리로 변형시킨다.

이렇게 코드화된 신호 역시 백색 소음의 영향을 받았지만, 0과 1 사이의 차이는 수신자의 입장에서 구분하기 쉽고 원래의 메시지로 재구성하기 용이했다. 배경 소음을 제거하고 디지털 신호만을 전송하는 전자 장치를 이용해 신호의 잡음을 제거할 수도 있었다.

이 시스템은 아주 잘 작동해서 대부분의 전화 연결이 디지털로 전송된다. 섀넌은 단순히 기술적 문제를 해결한 것이 아니다. 근본적인 정보의 특성을 발견했다. 모든 정보를 이진법으로 표현할 수 있다는 사실을 보여주었고, 과학의 전 분야로 확장할 수 있는 정보 이론을 만들 수 있는 강력한 통찰력을 제공했다. 그리고 그중에서도 섀넌의 논문은 우리가 사용하는 컴퓨터와 통신 기술을 뒷받침하는 디지털 기술로 향하는 길을 가장 드라마틱하게 열었다.

전략을 수정해야 할까?

후회하지 않는 게임 이론

1949년

관련 수학자:
존 내시

결론:
게임 이론은 결정에 '후회가 없다'는 개념을 추가해 개선되었다.

1940년대 후반, 세계는 제2차 세계대전의 공포에서 회복하기 위해 노력하고 있었다. 미국의 수학자들은 상호작용을 전략 게임으로 보는 인간 행동 모델을 개발하기 시작했고, 이 모델에서 모든 참가자는 자신의 최대 이익을 추구하는 개인이다. 이 발상은 게임 이론이라고 불렸으며, 이론의 관점에 따라서 수학자들은 이론적으로 인간의 행동을 수학적으로 예측 가능하게 만들기를 기대했다.

게임 이론이라는 발상을 오스카 모르겐슈테른과 함께 처음으로 발전시킨 헝가리 출신 수학자 존 폰 노이만은, 게임의 목적이 이기기 위해서가 아니라 손실을 최소화하는 것이라고 생각했다(139쪽 참조). 따라서 최선의 전략은 최악의 시나리오가 발생할 가능성이 가장 적은 것이다. 이 전략은 최대 손실을 최소화하는 전략인 '미니맥스'라고 알려졌다. 하지만 이 전략은 상대방에 대해서 완전히 아무것도 모르고 있는 경우에만 성립한다. 말하자면, 근본적으로 여러분이 어두컴컴한 곳에 있으면 안전을 최우선으로 도모하는 것이 합리적이다.

게임의 판도를 바꾸다

하지만 대부분의 경우 사람들은 부분적인 정보를 알고 있으면서, 만일 미니맥스가 게임 이론의 유일한 전략이었다면, 이 이론은 제한적으로만 활용되었을 것이다. 하지만 몇 년 후인 1949년, 천재적인 수학자 존 내시(John Nash)가 두 장의 짧은 논문에서 게임 이론에 아주 중요한 개념을 추가했다. 내시의 생각은 말 그대로 게임의 판도를 뒤바꾸었다.

내시의 생각은 '후회가 없는(no regrets)' 이론이라고도 하는데 선택에 아무런 후회도 남기지 않는 것이 목적이기 때문이다. 이 이론은 각 참가자가 다른 참가자들이 어떻게 게임을 진행할지에 대해 타당한 생각을 갖고 있고, 전략을 바꾸어서 얻는 이득이 없다는 발상에 초점을 맞추고 있다. 따라서 참가자들은 오늘날 내시 균형(Nash equilibrium)이라고 하는 상대방에 비해 더 얻는 것도 잃는 것도 없는 지점인 평형 상태에 도달한다.

이 개념은 1830년대에 처음 등장했다. 앙트안 쿠르노가 회사의 이익을 극대화하기 위해서 경쟁사와 비교했을 때 제품을 얼마나 많이 생산할지 결정하는 과정에서 비롯되었다. 만일 회사들이 전부 제품 생산에 열을 올린다면 물건의 가격은 떨어지고 수익도 줄어든다. 따라서 쿠르노는 경쟁사가 상품을 어느 정도 생산할지 예측하고, 그에 맞추어 생산량을 조절한다고 결론을 내렸다. 이렇게 하면 생산량은 일종의 균형 상태에 이르게 된다.

남녀의 다툼

내시는 이 생각을 더 발전시켜 다양한 분야에 적용할 수 있도록 만들었다. 한 가지 예시는 남녀의 다툼이다. 상황은 이렇다. 행복한 커플인 밥과 앨리스는 영화를 보러 가고 싶었고, 두 사람은 같이 가길 원했다. 하지만 앨리스는 액션 영화를 보고 싶었고 밥은 코미디를 원했다. 그러면 두 사람은 어떻게 할까? 두 사람이 각자 보고 싶은 영화를 보러 가면, 두 사람 모두 만족할 수 없다. 게임 이론가들은 이 만족감을 '효용(utility)'이라고 한다. 하지만 두 사람이 같이 가기로 결정하고 액션 영화든 코미디든 둘 중 하나를 선택한다면, 두 사람 모두 어느 정도 효용을 얻고 한 사람은 완전히 만족한다. 여기에서 밥과 앨리스의 선택에서 효용의 균형을 내시 균형이라고 한다.

내시 균형의 또 다른 유명한 예는 '죄수의 딜레마'다. 죄수의 딜레마에서는 두 용의자가 체포되어 각각 다른 방에 수감된다(140쪽 참조). 만일 각각의 용의자가 상대방을 보호하기 위해 묵비권을 행사한다면 경찰은 증거가 부족해 5년형밖에 내릴 수 없다. 하지만 한 사람이 자백한다면 자백한 용의자는 풀려나게 되고, 그의 동료가 감옥에서 20년형을 살게 된다. 둘 다 자백하면 모두 10년형을 살게 된다.

노이만의 미니맥스 전략은 이 딜레마를 단 하나의 관점에서만 보았고, 최악의 상황을 최소화하기 위해 자백해야 한다고 결론을 내린다. 하지만 내시는 이 상황을 두 가지 관점에서 보아 각 용의자들이 상대방이 어떻게 행동할지 추측할 수 있도록 했다. 두 사람은 심지어 체포된 후 어떻게 행동할지 사전에 상의했을 수도 있다. 이런 관점에서 바라보면 결론은 두 사람 다 자백해야 한다는 미니맥스 전략과 동일하다. 하지만 내시의 추론 과정은 미니맥스 전략과 달랐다. 이런 결과가 나온 이유는 두 사람 모두 전략을 바꾸어 비밀을 지킨다고 해서 이득을 얻을 수 없기 때문이다. 이것이 효용의 균형, 내시 균형이다.

핵심은 두 사람이 나중에 상대방이 어떤 행동을 했는지 알게 되어도 둘다 자신이 한 선택에 아무 후회가 없다는 사실이다. 만일 한 사람은 비밀을 지키고 다른 한 사람은 자백을 했더라면, 입을 다문 사람은 당연히 20년을 감옥에서 보내고 그 안에서 자신이 자백하지 않았다는 사실을 씁쓸하게 후회할 것이다.

전쟁 게임

최근까지 거의 대부분의 노벨경제학상 수상자의 연구에는 게임 이론이 포함되어 있고, 게임 이론은 1950년대와 1960년대 핵무기 경쟁을 이끈 미국의 군사 전략에 큰 부분을 차지했다.

하지만 일부 이론가들은 애초에 참가자들이 다른 참가자들이 어떻게 행동할지 모르는 상태로 실제로 균형 상태에 도달하는지 궁금해 했다. 최근 수학자들은 참가자들이 서로 자신의 선호에 대해 모든 것을 말하지 않는 한 내시 균형에 도달하기 힘들다는 사실을 확인했다. 게다가 참가자의 수가 많다면 균형 상태에 이르기까지는 거의 무한대의 시간이 소요될 것이다.

더욱이 죄수의 딜레마를 이용한 실험에서는 사람들이 거의 절대로 내시의 전략을 따르지 않고, 게임 이론이 예상한 것보다 훨씬 충성스럽고 참가자들 사이의 연대가 강하다는 사실이 밝혀졌다. 경제학자들은 현재 사람들이 실제로는 게임 이론이 예측한 대로 행동하지 않는다는 사실을 넓게 받아들였다. 심지어 이론을 발전시켰던 당시 조현증을 앓고 있었던 내시 본인조차도 자신의 연구를 의심했다. 내시는 1994년 마침내 노벨상을 수상하게 되었을 때 이렇게 말했다. '나는 망상의 영향을 받던 사고의 일부를 점차 지적으로 거부하기 시작했다.'

그렇지만 많은 경제학자들이 여전히 내시의 1948년 논문을 20세기 위대한 결정적인 순간이라고 여긴다.

CHAPTER 7: 현대 컴퓨터 시대:
1950년 ~

컴퓨터 과학을 뒷받침하고 있는 수학은 아주 오랜 시간에 걸쳐 발전되었지만 첫 번째 컴퓨터가 만들어지면서 그 능력이 폭발적으로 늘었다. 수학자들은 컴퓨터를 이용해 무한히 많은 일을 할 수 있게 되었다. 단순히 복잡한 계산, 사람의 능력으로는 평생이 걸릴 시뮬레이션을 수행하는 것뿐만 아니라, 인터넷의 발전 등을 통해 멀리 떨어져서도 공동 연구가 가능해졌고, 속도는 이전과는 비교할 수 없을 정도로 빨라졌다.

간단히 컴퓨터를 조작하면 계산할 수 있기 때문에, 순수 수학은 더욱 추상적이고 개념적이 되었다. 앤드류 와일즈가 페르마의 마지막 정리를 풀면서 수행한 타원 곡선이나, 마리암 미르자하니의 위상수학 연구는 점점 우리 일상에서 멀어진다. 하지만 이들의 연구는 여전히 우리에게 놀라울 정도로 아름다운 결과를 보여준다.

1950년

관련 수학자:
앨런 튜링

결론:
튜링의 수학적 논리 문제에 대한 대답은 현대 컴퓨터 발전을 향해 나가는 필연적인 한 걸음이었다.

기계는 어떤 문제든 해결할 수 있을까?

결정 문제에 대한 대답

1936년 프리스턴 대학교에서 박사 학위를 따기 위해 연구하던 영국의 젊은 수학자 앨런 튜링(Alan Turing)은 「계산 가능한 수에 대해서, 수리 명제 자동 생성 문제에 응용하면서(On computable numbers, with an application to the Entscheidungsproblem)」라는 논문을 출판했다. 36쪽 분량의 짧은 논문이었지만 순수하게 추상적인 수학적 논리를 다루고 있었다. 이 논문이 세상에 나온 순간이 바로 현대 컴퓨터 시대를 알린 역사의 전환점이었다.

Entscheidungsproblem, 혹은 '결정 문제'는 다비트 힐베르트(David Hilbert)와 빌헬름 아커만(Wilhelm Ackermann)이 1928년에 제기한 문제다. 이 난제는 논리 규칙을 사용해 주어진 명제를 기본 공리로 증명할 수 있는지 결정하는 알고리즘을 찾을 가능성을 묻는다. 튜링이 내놓은 대답은 그야말로 천재적이다. 컴퓨터에 대해서는 단 한마디도 언급하지 않았고 순수한 수학만을 이용해 답했다. 하지만 튜링의 통찰력은 이후 컴퓨터를 탄생시킨 수학적 기반을 펼쳐주었다.

인간 컴퓨터

결정 문제를 풀기 위해서 튜링은, 수학자들이 문제를 해결할 때 어떤 과정을 밟는지 기초부터 되짚어 보았다. 어떤 프로세스를 거쳤을까? 튜링이 살던 시대에 '컴퓨터'는 단순히 사람들이 세금 계산부터 천문학적 계산까지 다양한 문제를 계산하기 위해 사용되었다. 그렇다면 실제 그들이 하던 것은 무엇일까? 그가 문제를 근본적으로 하나하나 분석했을 때, 튜링은 규칙 빼고는 다른 것은 필요하지 않다는 것을 알았다. 인간은 놀라울 정도로 충분한 지성과 사고력을 갖추고 있다. 하지만 계산 문제에서 필요한 것은 명령이면 충분하다. 사고력이 필요하지 않은 기계적 프로세스로 만들 수 있다.

실제로 계산에는 단 두 가지 측면이 있다. 입력 데이터와 이 데이터를 어떻게 처리할지 알려주는 가이드다. 따라서 프로세스가 이렇게 기계적이라면, 이 일을 해주는 기계를 만들 수 있지 않을까? 튜링은 그렇다고 대답했다. 따라서 해야 하는 것은 이 기계에 데이터를 입력하고 데이터를 어떻게 처리할지 올바른 형태로 알려주는 것이다.

기계와 대화하는 방법

동일한 통찰력으로 튜링은 기계가 어떤 것이든 '이해'할 수는 없지만 명령에 대답할 수 있다는 사실을 깨달았다. 이 명령은 정지/시작, 꺼짐/켜짐과 같이 가능한 한 단순해야 한다. 그리고 0과 1로 이루어진 이분법적 논리로, 기계가 가상의 어떤 일이든 하라고 지시할 코드를 만들 수 있다.

튜링은 엄청나게 긴 종이테이프 위 사각형 틀 안에 0과 1로 구성된 명령으로 제어되는 가상의 수학 연산 기계를 가정했다. 이 테이프가 돌아가면서 기계가 적혀 있는 코드를 읽고 그에 따라 반응한다. 기계는 이 테이프를 언제든 앞뒤로 움직일 수 있고, 테이프 위에 있는 단일 기호 혹은 사각형을 읽고 그에 따라 응답한다. 기계는 기호를 무시하거나 이미 적혀 있는 사각형 위에 덮어 쓰거나 테이프를 앞으로 혹은 뒤로 움직이거나 새로운 상태로 바꿀 수 있다. 이런 식으로 기계는 단계적으로 자세한 명령, 문제를 해결하기 위한 알고리즘대로 처리할 수 있다. 이것을 우리는 프로그램이라고 부른다.

튜링 컴퍼니

튜링이 이 가상의 기계를 구상하고 있던 당시에 실제 기계적 컴퓨터에 대해서는 전혀 알지 못했다. 그것은 단순히 결정 문제에 답하기 위한 것이고, 결정 문제는 다음과 같은 질문으로 함축되었다. 최소한 원칙(이론)적으로라도, 모든 수학 문제를 결정할 수 있는 확정적인 방법이나 절차가 있을까?

튜링이 추론했듯이 누군가 이론적으로 이런 일을 할 수 있는 기계적 프로세스를 창조했다면, 결정 문제라는 난제에 대답을 얻을 수 있을 것이다. 그리고 튜링의 발상의 아름다움은 그냥 새로운 것을 할 수 있는 기계를 얻기 위해서 그 기계에 새로운 명령을 내리면 된다는 데 있다. 즉, 테이프에

새로운 명령을 입력하거나 아니면 새로운 테이프를 삽입한다. 물론 어떤 것이든 실행 명령을 만들어내는 것은 이론적으로 가능한 일이다. 이것이 바로 튜링의 개념적 기계가 보편적 튜링 기계라는 이름을 얻게 된 이유다.

튜링은 자신의 놀라운 논문을 이렇게 시작했다.

> 비록 이 논문의 주제가 계산 가능한 숫자로 한정될지라도, 계산 가능한 적분 변수나 실변수의 함수, 계산 가능한 변수, 계산 가능한 술어 등 또한 거의 똑같이 손쉽게 정의하거나 탐구한다.

다시 말해서, 튜링 기계에 수학 문제를 던지면 기계가 알아서 풀 것이다.

모든 것을 처리한다

복잡한 과제를 수행하기 위해서는 아주 긴 명령이나 복잡한 프로그래밍이 필요하다. 하지만 튜링이 제시한 개념의 천재성은 적절한 프로그램만 있으면 기계가 여러분이 원하는 것을 어떤 것이든 해줄 수 있다는 점이다. 이것은 정보의 특성에 대한 근본적인 통찰이며 정보 자체로 우주를 안내하기에 충분하다는 것을 내포했다. 결국 이것은 또한 컴퓨터 사용에 혁명을 가져왔다. 음악 재생기, 전화기, 전자 키보드, 항공제어시스템과 우리가 상상할 수 있는 모든 전자 장비가 기본적으로는 동일하게 연산을 수행하는 기계일 뿐이며, 차이는 명령어와 출력이 다르다는 점이다. 소프트웨어, 스마트폰 어플, 프로그램은 본질적으로 튜링이 상상한 테이프 위에 나열된 0과 1의 조합이다.

튜링은 논문에서 주장한 개념을 이용해서 제2차 세계대전 당시 독일 군이 사용했던 에니그마 암호를 풀기 위한 최초의 실제 기계적 컴퓨터 중 하나를 만드는 데 협조했다. 에니그마 암호는 해독할 수 없다고 인식되었지만, 1941년 튜링의 기계가 암호 해독을 도왔고 영국군은 수없이 많은 독일군의 비밀 암호를 해독할 수 있었다. 어떤 사람들은 튜링 기계가 연합군을 유리하게 만들어 종전을 2년 앞당기고 수백만 명의 생명을 구했다고 생각한다. 하지만 진정 세상을 바꾼 것은 이론적 튜링 기계 그 자체였다.

관련 수학자:
에드워드 로렌츠

결론:
로렌츠는 복잡계에서는 작은 변화가 무시할 수 없는 결과 혹은 혼돈을 가져온다는 것을 증명했다.

나비 한 마리가 어떻게 토네이도를 일으킬까?

예측 불가능성의 수학

1972년, 기상학자 에드워드 로렌츠(Edward Lorenz)는 제139회 미국과학진흥회에서 '브라질에 있는 나비가 날갯짓을 하면 텍사스에서 토네이도가 일어날까?'라는 제목으로 강연을 했다. 강연 제목은 단순히 학회 의장인 필립 메릴리스(Philip Merilees)가 작은 사건이 거대한 변화를 일으킬 수 있다는 로렌츠의 학위 논문 내용을 종합해 도발적으로 제시한 것이었다. 하지만 나비효과라는 개념은 정말 유명해졌으며 로렌츠가 상상하지 못한 방식으로 무수히 많이 등장하게 되었다.

나비에 대한 오해

작은 차이가 중대한 영향을 줄 수 있다는 개념은 실로 매력적이다. 갑자기 우리 모두가 특별한 힘을 가진 것처럼 느껴지고, 이 효과는 너무 위대해서 마법처럼 보이기도 하며, 심지어는 조금은 무섭기도 하다.

스티븐 킹의 소설 『11/22/63』에서는 제이크라는 젊은 남자가 과거에 가서 리 하비 오스월드가 케네디 대통령을 암살하지 못하도록 막을 방법을 발견한다. 제이크는 암살을 저지하면 인류에 큰 공헌을 할 것이라 생각했다. 하지만 암살을 막고 현재로 돌아오니 세상은 혼란에 빠져 있었다. 핵전쟁으로 세계가 거의 파괴된 이후였다. 큰 충격을 받은 제이크는 과거로 돌아가 케네디 대통령이 원래대로 암살되도록 내버려둔다.

하지만 과거를 조작하는 이 초현실적 능력은 로렌츠가 보여준 통찰력의 핵심을 놓치고 있다. 로렌츠는 작은 사건이 엄청난 영향력이 있다거나, 지렛대의 원리처럼 사건이 가진 힘이 증폭된다고 말하지 않았다. 그가 의미했던 것은 복잡계에서는 사건이 미미한 영향력이 있을 수도 엄청난 영향력을 발휘할 수도 있다는 것이고, 우리는 그것을 통제할 수 없다는 뜻이다.

날씨 예측

1960년대, 로렌츠가 날씨를 예측하려고 컴퓨터로 모델을 연구할 때 이 생각이 떠올랐다. 어느 날 그는 초기 조건의 수치를 0.506127에서 0.506로 반올림했다. 차이는 아주 작았고, 거대한 시스템 안에서는 인지할 수 없는 차이처럼 보였다. 하지만 기상 예측에는 엄청난 차이를 가져왔다.

로렌츠는 이후 10년간 점진적으로 날씨와 같은 복잡한 시스템은 처음의 초기 조건에 아주 민감해서 작은 차이가 결과에 엄청난 영향을 줄 수 있으며, 어떤 영향이 있을지 예측하는 것은 불가능에 가깝다는 생각을 학위 논문으로 발전시켰다. 이렇게 예측할 수 없는 체계를 카오스라고 설명했으며, 이는 카오스 이론이라고 불리게 되었다. 그는 과학적으로 이렇게 설명했다.

> 초기 조건을 정확하게 측정하는 것이 불가능하고, 그에 따라 중심궤도와 주변의 비중심궤도를 구분하는 것 또한 불가능하다. 모든 비주기적 궤도는 현실적 예측의 관점에서 충분히 불안정하다.

아무 영향력도 없어 보이는 이 평범한 문장이 세상을 뒤흔들어 놓았다. 우주는 무한하게 복잡한 공간이다. 하지만 뉴턴이 운동 법칙을 정립하고, 과학자들은 최소한 결정 가능한 방식으로 우주가 움직인다고 생각했다. 항상 그것을 파악할 순 없어도 원인과 결과 사이에는 단순한 관계가 있다. 어떤 일이 발생했기 때문에 다른 일이 발생한다. 뉴턴의 법칙에 따르면 그렇다. 따라서 궁극적으로 우주의 운명은 기계적으로 이미 정해져 있다. 원자의 움직임에 따라, 과거에 일어난 사건에 따라 미래가 불가피하게 결정된다.

우주를 설명하려는 노력

과학자와 수학자들은 올바른 법칙과 공식, 데이터를 찾을 수 있다면 모든 것이 정확하게 예측할 수 있다고 믿었다. 18세기, 피에르 시몽 라플라스(Pierre-Simon Laplace)는 이 우주에 예측 불가능한 것은 없다고 주장하며 우리가 자연의 모든 물리 법칙을 안다면, '불확정적인 것은 존재하지 않으며 과거처럼 미래도 [우리의] 눈에 현재의 일처럼 보일 것이다'라고 말했다.

하지만 볼츠만의 통계적 접근법과 양자역학의 불확정성마저도 이런 믿음을 완전히 깨뜨리지는 못했다. 하지만 지난 세기 초반 앙리 푸앵카레(124쪽 참조)는 행성 궤도를 계산하면서 초기 조건에 작은 차이가 생기면 결과에 커다란 영향을 준다는 사실을 발견하고 자신이 틀렸음을 알았다.

푸앵카레는 과학자들이 그동안 우연의 거대한 영향력을 무시해 왔다고 주장했다. 그는 결정 가능한 우주라는 개념에 도전하지는 않았지만 우연이라고 부를 수 있는 아주 작은 차이가 중대한 영향력을 미칠 수 있음을 제시했다.

로렌츠는 푸앵카레에서 한 발 더 나아갔다. 그 역시 원인과 결과라는 개념을 폐기한 것은 아니지만, 일부 복잡한 자연 시스템에서는 아주 작은 차이가 미치는 영향을 전혀 예측할 수 없어서 결정론이라는 개념이 의미 없어진다고 이야기했다. 출발점과 결과 사이의 선형 관계를 추적하는 것은 불가능해졌으며, 뉴턴 역학에서 상상한 선형 관계는 성립하지 않는다.

예측

따라서 기상학자들이 간단하게 미래의 기상을 예측할 방법을 찾을 길은 없다. 얼마나 정확한 데이터를 가졌듯, 훌륭한 공식에 대입하든 간에 말이다. 하지만 로렌츠는 초기 조건을 서로 다르게 주고 평행하게 기상 시뮬레이션을 수행해 가장 높은 확률로 일어날 수 있는 결과에 대한 근사치를 얻으려고 했다. 결과적으로 '앙상블' 기상 예보 기법으로 발전이 되었고, 이 방법은 미래의 기상을 비교적 정확하게 예측하기 위해 확률의 조합을 이용한다.

카오스 이론의 대중적 이미지는 우주가 애초에 무질서한 혼돈이라는 것이다. 하지만 과학자들에게 카오스 이론은 진화부터 로봇공학까지 다양한 분야에서 선형적 관계를 찾는 것이 아니라, 전체적인 패턴을 찾음으로써 복잡계를 더 잘 이해했다는 점을 시사하며 유용함을 드러냈다.

1974년

관련 수학자:
로저 펜로즈와 MC 에셔

결론:
결코 반복되지 않는 아름다운
테셀레이션은 가능하다고 증
명되었다.

다트와 연은 무엇을 덮을까?

펜로즈의 신비로운 타일

이슬람 양식 건축물은 종종 놀랄 정도로 아름답고 복잡한 패턴의 타일로 장식이 되어 있다. 수학자들은 테셀레이션(tessellation)이라고 하는 이와 같은 타일의 패턴에 특히 흥미를 느꼈다. 그 이유는 다양한 타일의 패턴에 흥미로운 수학적 수수께끼가 숨어 있기 때문이다. 실제로 일부 수학자들은 이슬람 양식 타일 패턴에는 어떤 알고리즘이 존재한다고 주장했다.

지난 반세기 동안 수학자들은 테셀레이션이 어떻게 구성이 되고, 특히 어떻게 이 패턴이 큰 면적에서도 겹치지 않고 서로 잘 들어맞는지에 대해서 관심을 갖게 되었다. 이것은 숫자의 패턴에 대한 수학자들의 열정과 비슷한 것이며, 수학자들은 비주기적 타일링이라고 하는 절대 패턴이 반복되지 않는 규칙적 타일링을 찾을 수 있는지 의문을 갖기 시작했다.

오각형 문제

주기적 타일링은 같은 패턴이 항상 반복된다. 집 욕실 바닥에 깔려 있는 정사각형 모양이 주기적인 타일링이다. 어디를 살펴보든 타일의 패턴은 항상 동일할 것이다. 삼각형 역시 주기적 타일링 패턴을 형성할 수 있도록 잘 들어맞는다. 육각형 또한 마찬가지다. 수학자들은 이것을 병진 대칭성이라고 부르는데, 병진 대칭이란 옆으로 이동해도 패턴이 동일하다는 의미다. 하지만 모서리가 5개인 오각형으로는 아예 타일링 패턴을 만들 수 없다. 오각형을 서로 인접하도록 배열해보면 오각형 사이에 틈이 있음을 발견할 수 있다.

요하네스 케플러(Johannes Kepler)는 1619년 오각형 사이의 틈이 오각성으로 채워질 수 있는지 보였다. 천재 수학자이자 물리학자인 로저 펜로즈(Roger Penrose)가 1950년대 테셀레이션에 관심을 갖게 되었을 때 케플러의 연구가 자신에게 영감을 주었음을 인정했다. 하지만 펜로즈는 단순히 오각형에만 관심을 가진 것은 아니다. 펜로즈의 관심은 대칭성을 깨는 비주기적인 타일링에 있었다.

불가능에 도전하는 예술가

'불가능한' 드로잉으로 유명한 네덜란드 예술가 MC 에셔(MC Escher) 역시 테셀레이션에 관심을 가졌다. 1950년대, 에셔는 '모자이크 1'과 '모자이크 2'라는 동물들이 맞물려 있는 모양을 이용해 비주기적인 타일링으로 두 작품을 완성시켰다. 하지만 이 작품의 프레임을 넘어서, 이 패턴이 계속 이어질 수 있는 방법은 영원히 새로운 모양을 만들어내는 것이다.

이 시기 펜로즈와 에셔는 이미 서로를 알고 있었고 테셀레이션이라는 주제로 의견을 교환했다. 1962년 펜로즈는 네덜란드에 있는 에셔를 방문했고, 그에게 동일한 기하학적 모양으로 된 작은 나무 퍼즐을 선물했다. 에셔는 이 퍼즐 조각을 맞출 수 있는 방법이 단 하나뿐이라는 사실에 깜짝 놀랐다. 이것은 규칙적인 타일링은 무제한으로 반복될 수 있다는 그의 생각에 정면으로 반하는 것이었다.

에셔는 반복적이지 않은 테셀레이션을 생각해내기 위해 머리를 쥐어짰고, 결국 1971년 서로 맞물린 유령 모양으로 이루어진 작품을 완성했다. 그의 작품 중에 유일하게 비주기적인 패턴으로 이루어진 작품이다.

최고의 배열

그 시기 펜로즈 역시 오각형을 바탕으로 한 도형을 이용해 비주기적 패턴을 연구하고 있었다. 그는 3가지 다른 해답을 내놓았다. 첫 번째는 오각형, 오각성, 배 모양(별의 3/5), 가는 다이아몬드 모양, 이렇게 네 종류의 도형을 이용하는 것이다. 세 번째 방법은 마름모꼴을 이용한 것이다. 하지만 1974년 공개한 두 번째 방법이 그중에서도 가장 놀라웠으며 펜로즈에게 영원한 명예를 안겨주었다. 두 번째 방법은 모서리가 4개인 연과 다트 모양의 두 도형으로 이루어졌다.

펜로즈 타일링에는 규칙이 있다. 연과 다트 모양을 이용해 만드는 타일링의 핵심 규칙은 마름모꼴을 만들기 위해서 연을 다트의 V 모양 안에 끼워 넣을 수 없다는 점이다. 이 두 단순한 도형이 결합하는 방식에는 아주 흥미로운 점

이 있다. 이전에는 비주기적 타일링을 만들기 위해서는 서로 모양이 다른 도형 수천 개가 필요할 것이라고 여겼다. 하지만 연과 다트 모양만 가지고 비주기적인 타일링을 만들 수 있다. 1984년 펜로즈는 단 한 번도 반복되지 않고, 이 두 도형이 무한하게 조합한 배열로 무한히 넓은 평면을 덮을 수 있다는 사실을 입증했다.

오각형

과거에는 오각형 패턴은 자연에 절대 없을 것이라고 생각했다. 하지만 펜로즈가 오각형을 기본으로 한 타일링 방법을 발견하자 과학자들은 현실 세계에서, 단순히 평면이 아니라 3차원에서 예시를 찾기 시작했다. 한 예로 결정 대칭의 표준 모형에서는 오겹 대칭은 불가능하다고 보았다.

1982년 화학자 다니엘 셰흐트만(Daniel Shechtman)이 결정 구조를 분석하던 중 결정이 오각형 구조를 가지고 있다는 사실을 발견했다. 당시 사람들은 말도 안 되는 일이라고 생각했고, 한동안 셰흐트만은 실수를 했다고 조롱을 당했다. 펜로즈마저도 놀랐다. 정말 결정이 오각형 구조로 이루어진 것이라면, 그 당시 과학자들이 생각하던 결정 구조에 대한 이해는 완전히 수정되어야 했기 때문이다. 하지만 결국엔 셰흐트만이 옳았고, 준결정이라고 부르는 새로운 종류의 결정을 발견한 것이었다.

이후 이와 비슷한 다양한 준결정들이 발견되었으며, 2011년 셰흐트만은 노벨화학상을 수상했다. 많은 사람들이 펜로즈 역시 수상자 명단에 이름이 올라갔어야 한다고 생각했다. 펜로즈가 오각형 패턴을 발견하지 않았더라면 준결정은 절대 밝혀지지 못했을 것이다.

헬싱키 어느 거리의 보도블록은 펜로즈의 연과 다트 모양으로 장식되어 있고, 거리를 덮은 이 패턴은 놀라울 정도로 아름답다.

펜로즈
타일링

페르마는 정말 증명했을까?

페르마의 마지막 정리를 풀다

1637년으로 돌아가서 프랑스의 수학자 피에르 드 페르마는 250년에 디오판토스가 쓴 『산학(Arithmetica)』을 연구하고 있었다(46쪽 참조). 『산학』은 정수론 분야의 고전이다. 페르마는 독특한 버릇이 있었는데, 그것은 바로 책을 읽으면서 책 한 귀퉁이에 메모를 남기는 것이다.

책의 한 부분이 특히 페르마의 흥미를 불러 일으켰다. 피타고라스로 인해 유명해진 직각삼각형의 빗변에 대한 2차방정식 부분이었다. $3^2+4^2=5^2$로 널리 알려진 방정식 $x^2+y^2=z^2$에 관한 것이다. 디오판토스는 독자들이 이러한 형식으로 방정식의 해를 구할 수 있도록 유도했다.

페르마에게 이 공식은 새로울 것이 없지만, 책 한 귀퉁이에 $x^3+y^3=z^3$과 같은 3차방정식에서 출발해, 2차보다 높은 고차방정식을 탐험하기 시작했다. 페르마는 이 3차방정식에는 일반적인 해가 없다고 적었다. n이 2보다 클 때 다음의 $x^n+y^n=z^n$, n차방정식의 일반 해가 없다고 적었다. 믿기 힘든 주장이었다. 하지만 페르마는 '나는 이 공식을 증명할 놀라운 방법을 찾았지만 공간이 부족해 적지 못한다'라고 적고 더 이상 아무것도 쓰지 않았다.

끝나지 않는 보물찾기

페르마가 책 한구석에 남겨놓은 힌트는 후대의 수학자들을 애타게 만들었다. 일부 사람들은 그가 증명을 발견했다는 이야기를 지어냈다거나 기껏해야 오류가 있는 증명을 발견했을 것이라 믿었다. 페르마의 책 귀퉁이에는 여러 메모가 남겨져 있었는데 점차 증명되었다. 하지만 고차방정식의 해에 관한 이 정리만큼은 결코 증명이 되지 않았고, 페르마의 마지막 정리라는 이름으로 알려졌다. 페르마의 마지막 정리를 증명(혹은 반박)하는 것은 정수론자들에게는 성배였고, 증명하기 위한 시도는 대부분 헛수고로 돌아갔다. 하지만 이 수수께끼에 흥분된 수학자들은 의도치 않게 정수론 분야

에 중요한 발전을 이끌어냈다.

사실인지는 불분명하지만 아주 극적인 역사적 사건이 있었다. 부유한 독일의 사업가이자 아마추어 수학자인 파울 볼프스켈(Paul Wolfskehl)은 여자 문제로 자살하기 직전이었다. 그는 자정이 되면 권총으로 자살을 할 생각이었다. 하지만 방아쇠를 당기기 전, 서재에서 에른스트 쿠머(Ernst Kummer)가 쓴 페르마의 마지막 정리에 관한 논문을 읽기 시작했다. 논문에서 결함을 발견하고 즉시 자기만의 증명을 연구하기 시작했고, 너무 열중한 나머지 죽기로 결심한 날짜를 잊고 말았다. 진실이 무엇이 되었든 1906년 그가 사망했을 때 페르마의 마지막 정리를 증명한 사람에게 10만 마르크를 줄 것을 유언으로 남겼다.

소년의 꿈

페르마의 마지막 정리를 증명하는 데 엄청난 상금이 더해졌지만, 1963년 수학에 열정이 있는 앤드류 와일즈(Andrew Wiles)라는 10세 소년이 케임브리지 지역 도서관에서 수학자 에릭 템플 벨(Eric Temple Bell)이 쓴 책을 빌릴 때까지 이 미스터리는 풀리지 않았다. 벨은 핵전쟁으로 인류가 멸망할 때까지 페르마의 마지막 정리는 증명되지 않을 것이라고 예측했다. 물론 꼬마 앤드류는 즉시 벨이 틀렸다는 것을 증명해야겠다고 마음먹었다.

페르마의 마지막 정리를 증명하기까지 30년이 걸렸지만, 1994년 와일즈는 마침내 페르마의 마지막 정리를 증명했다. 와일즈의 증명은 일본 수학자 다니야마 유타카(Taniyama Yutaka)와 시무라 고로(Shimura Goro)가 바로 몇 년 전 추론했던 수학적 정리에서 비롯되었다. 두 일본 수학자의 발상은 3차방정식인 타원 곡선과 모듈라(사인과 코사인 그래프 같은 함수)를 연결한 것이다. 그 누구도 모듈라 추론을 증명하지 못했지만, 대부분의 수학자들은 이 추론이 다른 수학 분야에 영감을 줄 것이라고 확신하고 있었다.

변화구를 날리다

1986년 와일즈가 프린스턴 대학교 교수로 일하던 시기 동료 교수인 켄 리벳(Ken Ribet)은 독일의 수학자 게르하르트 프레이(Gerhard Frey)와 공동연구를 하면서 다니야마-시무라 추론과 페르마의 마지막 정리 사이의 놀라운 연관성을 밝혀냈다. 리벳은 다니야마-시무라 추론과 모순이 되도록, 페르마의 방정식에 대한 가상의 '해'을 바탕으로 타원 곡선을 만들었다. 이것이 참이라면 페르마(그리고 다니야마-시무라)는 틀리게 된다. 하지만 다니야마-시무라가 옳다는 것을 증명한다면, 페르마의 정리 역시 증명하게 된다.

그동안 페르마의 정리를 풀겠다는 목표를 완전히 방치하고 있던 와일즈는 다시 의욕에 불타올랐다. 그 또한 타원 곡선을 연구하고 있었고 이제 그에게 목표를 향한 길이 보였다. 그는 부인을 제외하고 누구에게도 이 사실을 털어놓지 않고 연구를 시작했다. 그가 택한 방법은 타원 곡선의 특정 부분 집합에 초점을 맞추는 것이다. 만약 이 부분 집합이 무한히 많은 모듈라라면, 다니야마-시무라 추론이 페르마의 정리와 관련되어 있다는 사실을 보일 수 있고, 궁극적인 증명을 찾을 수 있다.

이 작은 케이스를 증명하는 것만으로도 와일즈는 독창적인 새로운 방법을 찾아야 했다. 마침내 7년 뒤, 증명을 끝마쳤고, 자신의 고향 케임브리지에서 1993년 6월 23일 열리는 학회에서 발표하기로 결정했다. 와일즈가 자신의 연구 결과를 공개하자 회장에 있던 사람들은 기대에 차 귀를 기울였다. 와일즈는 이렇게 폭탄선언을 했다. '페르마의 마지막 정리에 대한 증명' 웃으며 덧붙였다. '여기에 두면 될 것 같군요.'

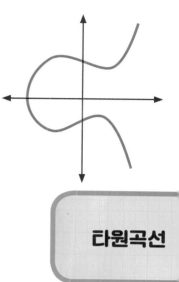

타원곡선

오류를 수정하다

와일즈가 페르마의 마지막 정리를 증명했다는 소식이 빠르게 퍼져나갔다. 하지만 그 뒤 평소대로 논문을 최종 투고하기 전 엄청나게 길고 복잡한 증명을 점검하다 오류를 발견했다. 명제가 무한히 많은 경우, 참임을 증명하기 위해서는 마치 도미노처럼 한 경우에 대해서 참이면 필연적으로 그다음의 경우에도 참이 되는 한 케이스를 증명하면 된다. 문제는 일이 그렇게 풀리지 않았다는 점이다. 와일즈는 절망에 빠졌다.

이를 자신의 이전 지도학생이었던 리처드 테일러(Richard Taylor)에게만 알리고 오류를 바로잡기 위해 다시 연구를 시작했다. 1994년 9월 19일 불현듯 머릿속에 묘안이 떠올랐다. 만약 그 오류가 연구의 허점이 아니라 증명을 위한 단계였다면? 와일즈는 자신의 짐작이 맞았음을 알게 되었다. 마침내 완성된 증명을 투고했고, 동료 수학자들이 3년에 걸쳐서 논문을 검증했다. 1997년 6월 27일 와일즈는 볼프스켈상을 수상하게 된다.

관련 수학자:
마리암 미르자하니

결론:
필즈 메달을 받은 미르자하니의 연구는 곡면에 대해 획기적인 통찰력을 보였다.

어떻게 구부러져 있을까?

리만 면의 역학

세상을 떠난 마리암 미르자하니(Maryam Mirzakhani)는 수학 분야의 노벨상이자 모든 수학자들이 갈망하는 필즈 메달을 2014년에 수상한 최초의 여성이자 최초의 이란인이다. 2017년, 미르자하니의 죽음으로 수학계는 충격에 휩싸이고 슬픔에 빠졌으며 세계 각지에서 미르자하니의 천재성을 추모하는 물결이 이어졌다.

미르자하니의 관심 분야는 완전히 이론적인 고차원적인 수학이다. 다시 말해 실용적 가치는 불분명하지만 지적으로는 최고로 도전 가치가 있는 수학 분야다. 상상력을 극한까지 펼치는 추상 수학은 언젠가는 실제로 현실 세계에 통찰력을 제공해줄지도 모른다.

곡면

미르자하니의 관심을 뒤흔든 분야는 기하학과 추상 곡면의 복합성이다. 구형이나 안장 모양, 도넛 모양과 같이 현실에서 친숙한 형태로 표현하기 위해 컴퓨터를 이용해 그릴 수 있다. 하지만 표면을 다양하게 비틀어서 훨씬 복잡하게 만들 수도 있다. 표면이 방향을 바꾸고 회전함에 따라서 표면의 형태에 대한 다양한 특성이 드러난다. 표면을 컴퓨터에서 그래프로 표현하면 격자 위에 반짝이는 무지개 색으로 그려진다. 그래프의 색깔과 격자는 복잡한 함수 그래프를 나타낸다. 격자는 전통 그래프의 좌표와 같은 역할을 하고, 색의 변화는 함수가 변함을 가리킨다.

리만의 투사법

이런 표면에 대한 발상은 19세기 독일의 수학자 베른하르트 리만(Bernhard Riemann)이 해석학의 복잡한 문제를 기하학을 이용해 풀기 위해 제시했고, 그래서 리만 면이라는 이름이 붙었다. 리만이 살던 시대에는 형형색색의 컴퓨터 애니메이션을 사용할 수 없었지만, 개념적으로는 동일하다. 이런 가상의 표면이 하는 일은 복소수와 허수와 함수를 동시에 실수로 매핑하는 것이다.

어떻게 보면 지도 투영법의 반대처럼 보이는데, 기본적인 기하학 아이디어는 16세기 네덜란드 지리학자 게라르두스 메르카토르(Gerardus Mercator)가 최초로 구면인 지구를 평면 위에 정확하게 '투영[투사](projection)'하는 방법을 연구하면서 처음 개발했다. 메르카토르가 사용한 투영법의 핵심은 지구의 위도선과 경도선을 바꾸는 것이었고, 위도선과 경도선 모두 완전히 휘어 있으며 경도선의 경우에는 양 극지방으로 수렴하고, 평평한 지도 위 격자 위에 놓인다. 리만 면은 이것과는 반대되는 방향으로 지도를 투영하는 것인데, 복잡한 평면의 값을 곡선으로 투영한다.

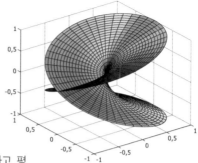

f(z) = √z를 나타내는 리만 면

리만은 곡면 위 두 점을 잇는 최단거리인 측지선과 곡률(유클리드 기하학의 평면과 비교했을 때 표면이 구부러진 정도)에 대한 가우스의 생각을 발전시키기 위해 자신의 이름을 딴 리만 면을 만들었다. 리만은 다양한 변수를 동시에 매핑할 수 있는 다차원 공간을 창조하길 원했다. 변수의 개수가 증가할수록 차원의 숫자도 늘어난다. 이런 방식으로 리만은 다차원 다면체(표면)라는 개념과 메트릭(metrics, 거리 측정)으로 정의된 거리라는 개념을 가진 현대 미분기하학의 토대를 마련했다.

수학을 그리다

미르자하니가 했던 연구는 이런 리만 면을 현기증이 날 정도로 아찔한 새로운 방식으로 탐험하고 그 특성을 찾는 것이다. 미르자하니의 장점은 리만 면과 모듈리(moduli)를 이용해서 복잡한 수학 문제를 마치 마법과 같이 새로우면서도 고도로 이론적인 해답을 이끌어내는 것이다. 미르자하니는 바닥에 앉아서 엄청난 크기의 종이 위에 아이디어를 그렸다. 이 때문에 어린 딸 아나히타는 '오, 엄마가 또 그림을 그려!'라고 외쳤다.

이런 방식으로 미르자하니는 측지선을 찾는 새로운 기법을 만들었고 입자가 다양한 곡면에서 어떻게 유영하는가에 대한 역학을 연구했다. 당구공이 봅슬레이 트랙 위, 안장, 공 혹은 도넛(수학자들이 토러스라고 부르는 반지 모양의 온갖 형태) 위를 굴러다닌다고 상상해보자. 미르자하니는 또한 당구 공이 다각형 테이블 위에서 튕기는 방법에 대해서도 연구를 했다. 이 연구 는 기체의 운동을 이해하는 데 중요하다.

쌍곡면 위의 측지선

미르자하니의 위대한 업적 중 하나는 쌍곡(안장 모양) 면 위의 측지선을 연구한 것이다. 표면이 길어짐 에 따라서 가능한 측지선의 숫자가 지수적으로 증가한다는 사실은 이미 알려져 있었다. 그러나 미르자하니는 교차하는 측지선을 배제하면, 측 지선의 개수는 지수적으로 증가하지 않고 다항식을 따 른다는 것을 발견했다. 이를 통해 다항식의 계수를 구하는 복잡한 계산을 할 명확한 공식을 유도할 수 있었다. 천재적 인 미국의 물리학자 에드워드 위튼(Edward Witten)은 미르 자하니의 공식을 사용해 자신이 선도하고 있는 이론 물 리 분야의 초끈 이론에 중대한 기여를 했다.

미르자하니의 연구는 이미 수학에 엄청난 영향을 끼쳤 으며, 공학과 암호학, 우주의 기원에 대한 연구를 포함해 이 론 물리 분야에 새로운 발전을 이끌 가능성을 보여주었다.

스큐토이드란 무엇일까?

새로운 도형의 발견

2018년

관련 수학자:
페드로 고메즈 갈베즈 외

결론:
상피 세포를 연구하던 과학자들은 이 세포가 그 동안 한 번도 관찰된 적 없는 모양을 하고 있다는 사실을 깨달았다.

2018년, '과학자들이 새로운 모양을 찾았다(Scientists find new shape)'라는 제목이 뉴스를 장식했다. 이 소식은 모든 사람을 흥분시켰다. 이 연구는 <네이처 커뮤니케이션즈>에 게재된 논문에 관한 것이었으며, 연구에 참여한 과학자들은 페드로 고메즈 갈베즈(Pedro Gómez-Gálvez)가 이끄는 수학자와 생물학자로 이루어진 팀이다.

생물학자들은 상피 세포의 구조를 연구하고 있었다. 상피 세포는 피부를 만들고 장기의 표면을 덮기 위해 얇은 층을 형성하고 있다. 생물학자들이 세포를 자세히 조사하면서 이 세포의 모양이 그들이 예상한 것과는 무척 다르다는 사실을 깨달았다. 그들은 상피 세포가 (앞부분을 자른 연필처럼) 육각기둥 형태일 것이라 가정했다. 이런 모양은 세포가 성장함에 따라서 서로 잘 맞물리고 튼튼하고 물이 침투하지 않는 층을 형성한다.

물론 이 세포층은 온갖 종류의 형태를 둘러쌀 수 있어야 한다. 구석을 감싸고 뼈를 둘러싸야 한다. 생물학자들은 로마 양식의 아치를 이루는 벽돌처럼 프리즘의 한쪽 끝이 좁아져서 세포들이 반대쪽보다는 한쪽 면으로 더욱 밀집할 수 있도록 하기 위해서 생긴 일이라고 가정했다. 콘 모양을 닮은 프리즘은 절두체(frustum)라고 한다. 여기에서 아이디어를 얻었고, 이렇게 생각하는 것은 자연스러워 보였다. 벌집도 이런 배열로 이루어져 있다.

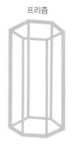
프리즘

절두체

의각기둥

스큐토이드

기이한 평면

생물학자들은 초파리 배아의 상피 세포가 성장함에 따라서, 세포의 한쪽 끝이 어떤 모서리에서 수축할 때, 이 세포들이 인접한 자신의 이웃과 다른 방식으로 접하도록 한다는 것을 발견했다. 이들은 프리즘 모양이 어떻게 그럴 수 있는지 이해할 수 없었고, 수학자들에게 도움을 요청했다. 수학자들은 4차원 타일링 패턴에 관심이 있었다. 그들은 확실히 정답을 찾을 수 있을까? 사실 이 문제는 수학자들이 예상한 것보다 훨씬 어려웠다. 그들이 아는 어떤 모양도 이 조건에 들어맞지 않았다. 수학자들은 컴퓨터 모델을 개발했고 절두체 모양은 표면이 모든 방향에 대해서 동일한 방식으로 구부러져 있어야만 성립한다는 사실을 발견했다. 하지만 상피 세포가 성장하면서 이 세포층은 온갖 모양으로 구부러지고 뒤틀리고 접히고 세포의 바깥쪽과 안쪽은 동일하지 않은 다른 주변 환경과 접하게 된다. 세포의 모양이 프리즘이라면 피할 수 없다. 세포는 면과 모서리를 따라 밀집하지만 각 세포의 벽을 만들고 유지하기 위해서는 에너지가 필요한데, 세포가 접촉하고 있는 면적이 커질수록 더 많은 에너지를 소모해야 한다. 따라서 세포의 표면적은 최대한 좁아야 한다.

y 모양의 평면

다양한 모델을 연구하던 수학자들은 세포의 한쪽 표면의 윗부분이 삼각형으로 갈라지면, 그렇게 해서 세포의 모서리가 일직선이 아니라 y 모양이 되도록 하는 것이 최선책이라는 사실을 깨달았다. 상상하기 쉽지 않은 생김새다. 하지만 연필의 기둥 부분을 상상하고 한쪽 모서리를 대각선으로 잘라내면 이와 비슷한 모양을 얻을 수 있다. 이 모양은 각 가장자리마다 모서리의 숫자가 다를 뿐만 아니라 삼각형 모양의 면이 다양한 방향으로 셀을 밀집하게 할 수 있다. 이 모양은 밀집시키고 에너지를 최소로 사용하는 데 최적이다.

이런 도형을 한 번도 본 적이 없던 수학자들에게 이것은 흥미진진한 발견이었다. 만약 실제로 자연에서 세포가 이렇게 응집되어 있다면, 이 도형은 분명히 아주 중요한 형태이며, 이 도형들이 밀집되어 있는 형태는 반드시 발견되길 기다리는 흥미로운 수학적 성질이 분명 있을 것이다. 결국, 세포가 전부 이런 모양으로 자란다면 거기에는 반드시 이유가 있어야 한다.

딱정벌레를 닮은 도형

과학자들은 자신들이 발견한 이 새로운 도형에 '스큐토이드(scutoid)'라는 이름을 붙였다. 그 이유는 기본적으로 이 도형이 딱정벌레와 닮았기 때문이지만, 누군가는 연구팀 일원 중 하나인 루이스 M. 에스쿠데로(Luis M. Escudero)의 이름을 딴 것이라고 이야기한다. 하지만 수학적으로 완벽한 이 도형을 만들고 이름을 붙이고 나서, 그들은 이것이 단순히 이론에 불과한 것인지 알아야 했다.

연구팀은 스큐토이드 모양을 자연에서 찾았고 엄청 나게 많은 사례를 발견했다. 현미경을 통해 모양을 관찰하다가, 이전에 이런 모양을 수도 없이 많이 보았지만, 인식하지 못했다는 사실을 깨달았다. 연구팀은 초파리의 침샘과 알 주머니를 형성하기 위해서 나뉘고, 응집되고, 구부러지고, 접히는 개별 상피 세포를 관측할 수 있었다.

스큐토이드를 찾아서

스큐토이드 찾기는 이제 시작 단계지만, 더 많은 사례를 찾을 수 있을 거라 기대하고 있다. 어쩌면 인간의 세포도 스큐토이드로 이루어졌을지도 모른다. 아마도 육각형처럼 보이는 벌집도 사실은 스큐토이드로 만들어졌을 수 있다. 물론 자연에서 스큐토이드는 컴퓨터 시뮬레이션을 통해 만들어진 것과 비교했을 때, 그만큼 기하학적으로 훌륭하거나 규칙적이지 않다. 뭉개져 있고, 늘어나 있거나, 구부러져 있거나, 뒤틀려 있고 물론 계속해서 변한다. 하지만 이 도형이 실제로 존재하고, 중요한 역할을 한다는 점에 대해서는 누구도 의심하지 않는다.

스큐토이드가 인공 장기와 조직을 실험실에서 배양하는 데 기여할 수도 있을 것이라는 의견이 있다. 3D 프린터로 만든 스큐토이드는 상피 세포가 자라고 조직화하는 일종의 발판이 되어서, 상피 세포들이 올바른 모양으로 빠르게 자라도록 도울 수 있다. 또한 누가 알겠는가 수학자들이 이 새로운 도형의 수학적 특성을 탐험하기 시작하면 무엇을 발견해낼 수 있을지? 스큐토이드는 꽤 친숙해 보이지만, 이 모양이 자연에서 그렇게 흔하다면, 분명 우리에게 가르쳐줄 수 있는 점이 많을 것이다.

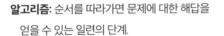

용어 설명

알고리즘: 순서를 따라가면 문제에 대한 해답을 얻을 수 있는 일련의 단계.

공리: 증명 없이 참으로 여겨지는 명제로, 공리에서 다양한 정리가 유도될 수 있다.

바탕수: 숫자 체계에서 바탕으로 사용되는 숫자로 해당 숫자 체계에서 사용되는 숫자의 수.

이진법: 0과 1, 두 숫자만을 사용하는 숫자 체계.

미적분학: 변화를 측정하는 수학의 하위 분야.

계수: 대수학에서 상수 혹은 4x에서 4와 같이 대수적 표현에서 변수의 바로 앞에 나타나 변수에 곱해지는 숫자.

추측: 수학에서 아직 증명이 되지 않거나 부정되지 않은 불완전한 정보를 바탕으로 한 수학적 명제.

프랙탈: 확대했을 때 전체와 동일한 패턴을 보이는 도형.

유체 역학: 액체와 기체가 어떻게 움직이고 흐르는지 연구하는 학문.

허수: 'i'라는 양(quantity)으로 표현되는 숫자이며, −1의 제곱근이다.

무한소: 0보다는 크지만 0에 한없이 가까이 다가가는 수.

정수: 자연수와 0, 자연수에 기호 '−'를 붙인 수.

무리수: 두 정수의 비로 표현될 수 없는 실수.

로그: 주어진 다른 숫자를 만들기 위해 자기 자신으로 얼마나 많이 곱해져야 하는지 보여주는 수.

논리: 대수학과 대수법칙을 이용해 추론 과정에 따라 명제를 표현하고 뒷받침하는 것.

정수론: 정수를 다루는 수학의 하위 분야.

자리표기법: 숫자의 값이 숫자가 있는 위치로 결정되는 체계.

다각형: 모서리가 3개 이상 있는 도형.

소수: 1과 자기 자신으로만 나뉘어 떨어지는 수.

증명: 수학적 명제가 참임을 보이는 과정으로 수학적 정리를 완성시킨다.

2차방정식: 방정식의 최고차항이 2차인 방정식.

60진법: 60을 바탕수로 사용하는 숫자 체계.

통계학: 데이터를 조직하고 해석하는 수학의 하위 분야.

정리: 증명된 수학적 명제.

이론: 수학의 하위 분야를 설명하고 형성하는 원리와 명제, 정리의 집합.

위상수학: 도형이 변형되었을 때 보존되는 기하학적 성질을 연구하는 수학의 하위 분야.

찾아보기

175